Nguyen Phuc Thien
Doan Quang Tri

Avaliação dos métodos de deteção de Grapevin relacionado com o vírus

Nguyen Phuc Thien
Doan Quang Tri

Avaliação dos métodos de deteção de Grapevin relacionado com o vírus

ScienciaScripts

Imprint

Any brand names and product names mentioned in this book are subject to trademark, brand or patent protection and are trademarks or registered trademarks of their respective holders. The use of brand names, product names, common names, trade names, product descriptions etc. even without a particular marking in this work is in no way to be construed to mean that such names may be regarded as unrestricted in respect of trademark and brand protection legislation and could thus be used by anyone.

Cover image: www.ingimage.com

This book is a translation from the original published under ISBN 978-3-659-75921-5.

Publisher:
Sciencia Scripts
is a trademark of
Dodo Books Indian Ocean Ltd. and OmniScriptum S.R.L publishing group

120 High Road, East Finchley, London, N2 9ED, United Kingdom
Str. Armeneasca 28/1, office 1, Chisinau MD-2012, Republic of Moldova, Europe
Printed at: see last page
ISBN: 978-620-7-98420-6

Resumo executivo

Prefácio

Neste livro, uma técnica de reação em cadeia da polimerase com transcrição reversa multiplex (mRT-PCR) é utilizada simultaneamente para detetar viróides na videira. Cinquenta amostras de folhas de videira com sintomas de amarelecimento ou mosaico foram recolhidas de diferentes vinhas no condado de Changhua, Taiwan, durante maio e junho de 2015-2016. Foram selecionados pares de primers específicos para a deteção do *Hop stunt viroid* (HSVd), do *Australian grapevine viroid* (AGVd), do *Grapevine yellow speckle viroid-1* (GYSVd-1), do *Grapevine yellow speckle viroid-2* (GYSVd-2) e do *Citrus exocortis viroid* (CEVd) a partir de relatórios anteriores ou foram concebidos primers novos de acordo com as sequências obtidas no NCBI Genbank. Foram efectuadas análises RT-PCR numa única etapa e verificou-se que todas as amostras recolhidas estavam infectadas pelo HSVd e 16% delas estavam infectadas pelo GYSVd-1.

A comparação da identidade da sequência do HSVd-DY com outros HSVd do GenBank variou entre 37,6% e 99,7%. A identidade de sequência entre o GYSVd-l-DY e outros variou entre 82,9% e 99,7%. Uma árvore filogenética derivada da sequência do HSVd indicou que o HSVd-DY estava mais próximo de um isolado do Irão (KF916041), enquanto o GYSVd-1-DY estava mais próximo de um isolado da China (JF746188).

Agradecimentos

Chen Yi-Ching, do Departamento de Engenharia do Ambiente da Universidade de Da-Yeh, pelo seu apoio, instrução e encorajamento ilimitados. O Prof. Chen Yi-Ching orientou-me no sentido de ser transparente e de oferecer os seus conhecimentos e experiência durante a minha investigação. Este livro não pode ser concluído sem a grande ajuda e o encorajamento do Prof. Chen Yi-Ching.

Vários professores contribuíram graciosamente com o seu tempo em meu nome, e gostaria de expressar a minha gratidão. Shih Ing-Lung, Yu Shih-Chung, Yeh Philip, Lee B. S. e Lai Chi-Yung pelo seu tempo e recomendações.

ÍNDICE DE CONTEÚDOS:

CAPÍTULO 1
Introdução

1.1 Antecedentes da investigação

Os viróides são os mais pequenos agentes conhecidos de doenças infecciosas - moléculas de ARN pequenas, altamente estruturadas, de cadeia simples e circulares, sem atividade detetável de ARN mensageiro. Enquanto os vírus fornecem parte ou a maior parte da informação genética necessária para a sua replicação, os viróides são considerados "parasitas obrigatórios da maquinaria de transcrição da célula" e infectam apenas plantas.

Quatro das quase 30 espécies de viróides descritas até à data contêm ribozimas hammerhead, e a análise filogenética sugere que os viróides podem partilhar uma origem comum com o vírus da hepatite delta e vários outros RNAs satélites semelhantes aos dos viróides. A replicação processa-se através de um mecanismo de círculo rolante, e a troca de cadeias pode resultar numa variedade de eventos de inserção/deleção.

Os domínios terminais do tubérculo fusiforme da batata e dos viróides relacionados, em particular, parecem ter sofrido repetidas trocas e/ou rearranjos de sequências. As populações de viróides contêm frequentemente uma mistura complexa de variantes de sequências, tendo sido demonstrado que o stress ambiental (incluindo a transferência para diferentes hospedeiros) resulta num aumento significativo da heterogeneidade das sequências.

O novo domínio da biologia *sintética* oferece oportunidades interessantes para determinar a dimensão mínima de um genoma de viróide totalmente funcional. Grande parte da informação estrutural e funcional preliminar necessária já está disponível, mas ainda subsistem obstáculos formidáveis.

As sequências de viroides e de ARN-satélite do tipo viroide foram alinhadas separadamente utilizando o CLUSTAL-X e depois editadas manualmente para preservar as semelhanças locais; estes alinhamentos parciais foram depois alinhados manualmente antes de o CLUSTAL-X ser utilizado para realinhar as regiões dissemelhantes e maximizar a semelhança global. As doenças causadas por vírus e viróides tornaram-se um obstáculo cada vez mais importante à produção agrícola sustentável nos países tropicais.

As alterações climáticas que estão a ocorrer em todo o mundo têm um impacto nas plantas, nos vectores e nos vírus, causando uma instabilidade crescente nos ecossistemas vírus-hospedeiro. As doenças causadas por viróides são pouco visíveis em comparação com as doenças causadas por fungos, bactérias e nemátodos, e as perdas identificadas em ensaios comparativos sobre os seus efeitos não se traduzem necessariamente em estimativas globais de perdas. Os seus efeitos também se estendem para além dos danos diretos e indirectos associados à infeção por vírus das plantas, o que também se aplica aos viróides. Algumas das viroses ameaçadoras e economicamente importantes nas zonas tropicais que afectam a produção alimentar são o tungro, o amarelão e a hoja blanca no arroz; o mosaico na cana-de-açúcar, o mosaico na mandioca; a tristeza nos citrinos; mosaico de esterilidade no feijão bóer; roseta, touceira e necrose dos gomos no amendoim; necrose no girassol e nas leguminosas, produtos hortícolas e culturas ornamentais; mosaico amarelo nas leguminosas; enrolamento das folhas no algodão e no tomate; e mancha anelar na papaia.

Os principais factores para a emergência de novos vírus vegetais e doenças semelhantes a vírus incluem a intensificação do comércio agrícola (globalização), alterações nos sistemas de cultivo (diversificação de culturas) e alterações climáticas.

1.2 Objectivos da investigação

Em Taiwan, a cultura da uva é um agronegócio remunerador devido à grande popularidade das bagas de uva entre os consumidores locais, para além do valor acrescentado dos produtos transformados. A produção anual de uvas foi de 102831 toneladas métricas em 2010, e 99,5% foi produzida na cidade de Taichung, nos condados de Miaoli, Changhua e Nantou no centro de Taiwan (Chiou-Chu et al., 2013).

A RT-PCR tornou-se uma ferramenta crucial para a deteção de viróides. A deteção e identificação simultâneas de vírus e viróides utilizando primers conservados são possíveis através de RT-PCR, que tem uma sensibilidade mais elevada do que a da hibridação molecular. O objetivo desta investigação é isolar e identificar os agentes causais da doença suspeita nas videiras de Taiwan e determinar a sua relação filogenética com outras estirpes de HSVd e GYSVd-1 de diferentes regiões geográficas.

1.3 Objectivos a atingir

Os objectivos deste estudo foram os seguintes (1) A técnica de RT-PCR para detetar o viroide do pedrado da videira (HSVd); (2) A técnica de RT-PCR para detetar o viroide da mancha amarela da videira (GYSVd-1); (3) A técnica de RT-PCR multiplex para detetar simultaneamente viroides na videira.

1.4 Quadro de investigação

A estrutura desta investigação é apresentada na Figura 1-1. Os viroides HSVd e GYSVd-1 são analisados pelo software Clustal-W. Também é encontrada uma região conservada para conceber primers e, em seguida, transferida para o tubo utilizando a máquina RT-PCR. Por fim, procede-se à eletroforese em gel.

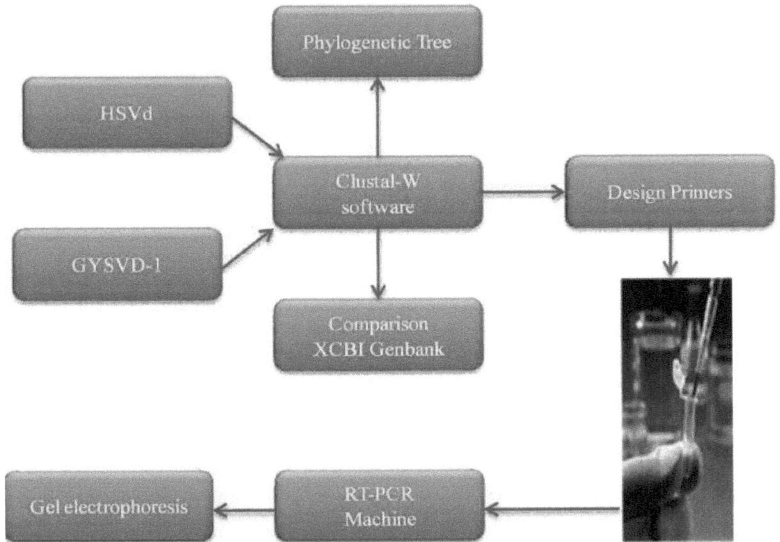

Figura 1-1. Enquadramento da investigação

CAPÍTULO 2
Revisões da literatura

2.1 Estrutura e classificação dos viroides

2.1.1 Estrutura

Como muitos vírus de ARN que infectam plantas ou animais, os viróides individuais existem como populações complexas de variantes de sequência frequentemente estreitamente relacionadas in vivo. Vários estudos examinaram a variabilidade natural dentro das populações de viróides, e a base de dados de ARN subviral contém atualmente as sequências completas de mais de 1 100 variantes de viróides. Em muitos casos, foram isoladas múltiplas variantes de sequência a partir de uma única planta infetada.

Os viróides são ARN circulares, agentes infecciosos com pequenas moléculas de ARN de cadeia simples, os viróides não codificam proteínas, o comprimento dos viróides é de cerca de 250 a 400 nucleótidos. Os viróides são capazes de se replicar e de se deslocar através das plantas infectadas, causando frequentemente doenças graves nas plantas, desde o atrofiamento, a necrose foliar, a cortiça, o enrolamento das folhas e a deformação dos frutos, dependendo da planta hospedeira e da espécie de viróide. Contêm cinco regiões estruturais: região terminal esquerda (Tl), região patogénica (P), região central conservada (C), região variável (V) e região terminal direita (T2).

Todas as espécies da família *Pospiviroidae* têm uma estrutura secundária em forma de bastonete que contém cinco domínios estruturais/funcionais (Keese e Symons, 1985) e replica-se no núcleo. Três dos quatro membros da família *Avsunviroidae* têm uma estrutura secundária ramificada e todos se replicam/acumulam no cloroplasto. Todos os membros da família *Avsunviroidae* contêm ribozimas hammerhead tanto na cadeia infecciosa (+) como na cadeia complementar de RNAs. A figura 2 compara as estruturas secundárias do PSTVd (tipo bastonete, *Pospiviroidae*) e do *viróide do mosaico latente do pessegueiro* (PLMVd; ramificado, *Avsunviroidae*). Com a possível exceção do PLMVd, os viróides não parecem conter quaisquer nucleótidos modificados ou ligações fosfodiéster invulgares. Os extractos de ácido nucleico de tecido foliar infetado contêm uma variedade de ARNs relacionados com viróides de ambas as polaridades. Algumas destas moléculas - especialmente as que têm uma polaridade de cadeia complementar ou (-) - são consideravelmente mais longas do que a cadeia circular infecciosa do viróide (+). A análise de Northern utilizando sondas específicas da cadeia e/ou extensão de primers mostrou que estas moléculas representam os intermediários esperados para um mecanismo de replicação em "círculo rolante".

2.1.2 Classificação

Até à data, as espécies de viróides estão classificadas em duas famílias, *Pospiviroidae* e *Avsunviroidae,* que são compostas por cinco e dois géneros, respetivamente. Os Pospiviroidae

6

possuem uma estrutura secundária termodinamicamente estável em forma de bastonete com uma CCR (região central conservada) e não se auto-ligam, incluindo os géneros *Pospiviroid, Coleviroid, Hostuviroid, Cocadviroid* e *Apscaviroid.* Os Avsunviroidae não possuem uma CCR e auto-ligam-se através da ribozima de cabeça de martelo, com os géneros *Avsunviroid* e *Pelamoviroid.*

Os extractos de ácido nucleico de tecido foliar infetado contêm uma variedade de ARN relacionados com o viróide de ambas as polaridades. Algumas destas moléculas - especialmente as que têm uma polaridade de cadeia complementar ou (-) - são consideravelmente mais longas do que a cadeia circular infecciosa do viróide (+). A análise de Northern utilizando sondas específicas da cadeia e/ou extensão de primers mostrou que estas moléculas representam os intermediários esperados para um mecanismo de replicação em "círculo rolante".

2.2 Geração de populações a partir de variantes individuais de viróides

Foram utilizadas várias abordagens diferentes para monitorizar a estabilidade genética de variantes individuais da sequência do viróide in vivo. Estas incluem a inoculação com ADN de plasmídeos recombinantes (Gora-Sochacka et al., 1997), a introdução mediada por Agrobacterium de plasmídeos Ti recombinantes não desarmados (Hammond, 1994) e a transformação de plantas mediada por Agrobacterium (Wassenegger et al., 1994). Quando se trabalha com variantes altamente debilitadas que são apenas fracamente infecciosas, a expressão constitutiva de um transgene integrado fornece um meio eficaz de detetar os raros eventos que podem restaurar a infecciosidade do viróide. (Gora et al., 1994) utilizaram uma estratégia de PCR de transcrição reversa para gerar, numa única etapa, cDNAs infecciosos de comprimento total de três isolados fenotipicamente diferentes de PSTVd. Quando este método foi aplicado a um isolado "ligeiro", apenas foi recuperada uma única variante de sequência. Os isolados "intermédios" e "graves" produziram três e quatro variantes, respetivamente. Nem todas as variantes recuperadas do isolado severo produziram sintomas severos quando inoculadas no tomateiro Rutgers; assim, a presença de variantes mais suaves num inóculo misto pode ser mascarada por variantes mais severas. Estudos de acompanhamento de (Gora-Sochacka et al., 1997) revelaram que muitas destas variantes de sequência de PSTVd que ocorrem naturalmente eram instáveis quando inoculadas isoladamente - por vezes desaparecendo numa única passagem de 5~6 semanas no tomateiro. Esta descoberta apoia um dos princípios básicos da teoria da quasis-pecies, segundo a qual as misturas de variantes podem complementar-se mutuamente e, por conseguinte, toda a população é essencialmente uma entidade única, análoga a um indivíduo com milhares de alelos em vez de apenas dois. Na maioria dos casos, as novas variantes detectadas induziram sintomas menos graves do que os do progenitor. O número de alterações de sequência detectadas em ambos os estudos foi relativamente limitado, confinado quase exclusivamente aos domínios de patogenicidade e variável, com apenas algumas alterações localizadas no domínio terminal direito.

Uma vantagem importante dos ensaios de rastreio que envolvem a inoculação mecânica de cDNAs de viróides completos ou de transcrições de ARN é o facto de os resultados estarem geralmente disponíveis em poucas semanas. Muitas mutações pontuais no PSTVd e noutros viróides, contudo, parecem abolir a infecciosidade através da inoculação mecânica. Em alguns casos, demonstrou-se que estas mutações inibem a replicação; noutros casos, o transporte de célula para célula ou a longa distância é interrompido (Qi et al., 2004).

2.3 Origem e evolução dos viróides

Foram propostas várias origens possíveis para os viróides. Os viróides poderiam ser antepassados primitivos ou derivados altamente degenerados de vírus convencionais, mas, tal como discutido por (Diener, 1989), a sua estrutura molecular e propriedades biológicas invulgares, juntamente com uma falta de semelhança de sequência. A evolução argumenta contra esta possibilidade, mas também foi proposta a criação de viroides a partir de elementos transponíveis, plasmídeos ou in-trons. Atualmente, o balanço das provas sugere que os viróides podem representar "relíquias da evolução do ARN pré-celular" e foram publicadas várias revisões que exploram esta área (Diener, 2003). Na sua essência, o argumento a favor da origem dos viróides no mundo do ARN é simples: O ARN é a única macromolécula biológica conhecida que pode funcionar como genótipo e fenótipo, permitindo que a evolução ocorra na ausência de ADN ou proteína. Conforme descrito por (Diener, 1989), uma simples ribozima cabeça de martelo, semelhante às encontradas no ASBVd e em outros membros dos *Avsunviroidae*, é teoricamente capaz de realizar todas as etapas de polimerização, clivagem e ligação necessárias para a replicação do viróide. A estrutura circular do genoma dos viróides e o mecanismo de replicação em círculo rolante eliminam a necessidade de a replicação se iniciar num local específico; do mesmo modo, a natureza aparentemente poliploide dos genomas dos viróides (Juhasz et al., 1988) teria favorecido a sua sobrevivência nas condições propensas a erros do mundo pré-biótico.

Pode comparar-se (Figura 2) a estrutura do primeiro intermediário na via de clivagem-ligação do PSTVd (Baumstark et al., 1997) com as das ribozimas hammerhead e hairpin. A parte superior da região central conservada da pospiviroide contém um motivo de sequência curta (GAAA) que também está presente nas ribozimas hammerhead (Diener, 1989). Passando do nível da estrutura primária/secundária do ARN para a estrutura terciária. No entanto, é possível verificar que os pospiviroides partilham um grau de semelhança ainda maior com as ribozimas. A ribozima hairpin encontrada no ARN satélite da cadeia (-) do *vírus da mancha anelar do tabaco* contém dois domínios que interagem no estado de transição. Tal como a região central conservada dos pospiviroides, o domínio da ansa B da ribozima em cadeia também contém um motivo da ansa E. Os motivos do laço

E encontram-se em muitos contextos diferentes, actuando frequentemente como "organizadores" de laços multi-hélices nos ARN ribossómicos; no caso da ribozima em cadeia, uma alteração conformacional no motivo do laço E acompanha o acoplamento do domínio e é essencial para a catálise (Hampell e Burke, 2001). Para além da clivagem específica da sequência, a ribozima em cadeia também catalisa a ligação do ARN. Trabalhos experimentais recentes com as ribozimas hammerhead e hairpin sugerem que são mais semelhantes do que se pensava (Burke e Hamrick, 2002), e a possibilidade de os viróides serem "relíquias da evolução pré-celular" continua bem viva.

Os pospiviroides e as ribozimas hammerhead (em baixo à esquerda) contêm ambos uma curta sequência conservada GAAA (sombreada), o que sugere (Diener, 1989) a possível existência de um antepassado comum no mundo do ARN pré-biótico. A presença de um motivo de loop E na ribozima hairpin (em baixo à direita) fornece um apoio adicional a essa relação. No entanto, a estrutura de processamento envolvida na clivagem inicial do PSTVd (em cima) não contém um motivo de laço E. Os locais de clivagem nos respectivos ARNs estão assinalados com setas.

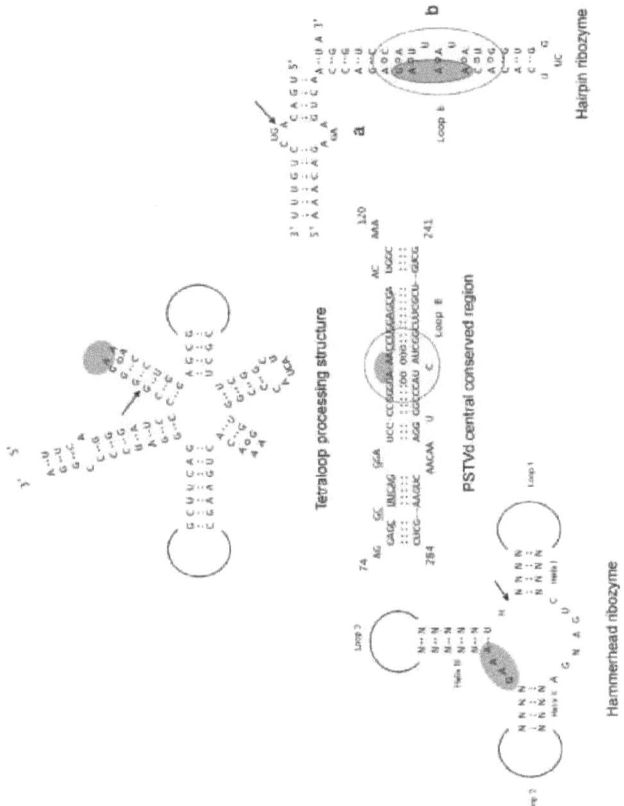

Figura 2-1. Possíveis relações evolutivas entre viróides e ribozimas

2.4 As espécies de viróides infectam a videira

Cinco viróides, o *Hop stunt viroid* (HSVd), *o Australian grapevine viroid* (AGVd), o *Grapevine yellow speckle viroid-1* (GYSVd-1), *o Grapevine yellow speckle viroid-2* (GYSVd-2) e *o Citrus exports viroid* (CEVd) foram relatados como infectando videiras (Sano et al, 1988), embora apenas o GYSVd-1 e 2 tenham demonstrado induzir a expressão de sintomas de manchas amarelas (Kolunow et al., 1988). O HSVd, o AGVd e o CEVd não produzem sintomas óbvios da doença e infectam a videira sem serem detectados, actuando como um reservatório sem sintomas, o que representa uma ameaça potencial para outras culturas.

2.4.1 Hop Stunt Viroid

O primeiro viróide registado em videiras foi um isolado do *Hop stunt viroid* (HSVd) do Japão. O HSVd é um membro do grupo dos *viróides do tubérculo fusiforme da batata*, pertencente à família *dos Pospiviroides*. Aparentemente, o HSVd tem uma vasta gama de hospedeiros e, para além do lúpulo, pode propagar-se em plantas de pepino, videira, citrinos, ameixa, pêssego, pera (Teruo et al., 1989), alperce e amêndoa (Polivka et al., 1996). Oitenta e quatro sequências de HSVd estão presentes na base de dados de ARN subviral (Pelchat et al., 2003). O Hop stunt viroid (HSVd) infecta um grande número de plantas lenhosas hospedeiras, tais como Primus spp., Citrus spp. e Vitis spp. O HSVd, juntamente com o Citrus exocortis viroid (CEVd), foi detectado tanto em citrinos como em videiras. Assim, para diferenciar estes dois viróides, foi utilizado ARN total de folhas de videira Vitis vinifera "Cabernet Sauvignon" e V. labrusca "Niagara Rosada" como modelo para o ensaio RT-PCR. Foram utilizados primers específicos para HSVd, CEVd, Grapevine speckle viroid 1 (GYSVd-1), Grapevine speckle viroid 2 (GYSVd-2) e Australian grapevine viroid (AGVd). Os amplicons de PCR foram clonados e sequenciados. As amostras de videira analisadas mostraram a presença tanto do HSVd como do CEVd. A análise filogenética mostrou que as variantes brasileiras do HSVd da videira se agruparam com outras variantes do HSVd da videira, formando um grupo específico separado das variantes dos citrinos. Por outro lado, as variantes brasileiras do CEVd agruparam-se com outras variantes de citrinos e videiras (Eiras et al., 2000). A caraterização molecular de isolados do Hop stunt viroid (HSVd) de diferentes fontes de Prunus naturalmente infectadas, incluindo damasco, ameixa e pêssego, foi realizada através da determinação das sequências nucleotídicas de onze isolados. Foram identificadas cinco novas variantes de sequência de 296-nt (3 variantes) ou 297-nt (2 variantes) comparáveis aos isolados de HSVd conhecidos.

A associação do *Hop stunt viroid* (HSVd) com a doença das nervuras amarelas dos citrinos (CYCVD) que ocorre na Índia foi investigada para estabelecer a sua relação causal com a doença. A análise in silico mostrou que o HSVd tem 295 nucleótidos e que os isolados apresentavam quase 100% de identidade nucleotídica com seis isolados de HSVd da caquexia dos citrinos. Esta variante foi provisoriamente designada *Hop stunt viroid-ycv* (Roy e Ramanchada, 2003). Mais tarde, verificou-se que *o Citrus exocortis viroid* (CEVd) também estava associado ao CYCVD. A análise BLAST revelou o alinhamento das sequências com um CEVd diferente. Os isolados de plantas infectadas com CYCVD foram provisoriamente designados como uma variante do CEVd-ycv. Esta variante mostrou uma relação próxima com as variantes do CEVd *Gynura* registadas na Austrália (Roy e Ramanchada, 2006).

As análises filogenéticas indicaram que um isolado de alperce se agrupou num grupo recombinante, enquanto todos os outros (um isolado de alperce, dois de ameixa e um de pêssego) se agruparam no grupo do lúpulo, confirmando a diversidade genética dos isolados de HSVd. A variabilidade da sequência parece estar mais relacionada com a origem geográfica dos isolados do que com os seus hospedeiros (Gazel et al., 2008).

2.4.2 *Grapevine Yellow Speckle 1, 2*

A primeira descrição da doença da mancha amarela da videira a ser causada por viróides na videira até à data (Kolunow et al., 1988). Algumas das plantas infectadas desenvolveram sintomas de mancha amarela, indicando que ambos os viróides podem causar a doença da mancha amarela da videira. O GYSVd-1 é o agente causal da doença da mancha amarela. Estes estão direta ou indiretamente associados à infeção por vírus de plantas no campo (Woodham et al., 1972). Os sintomas foliares da mancha amarela estão frequentemente ausentes ou limitados a algumas manchas ou pontos amarelados dispersos no tecido ao longo das nervuras principais ou secundárias das folhas (Szychowski et al., 1998). O GYSVd-1 é o viróide mais estreitamente relacionado com o GYSVd-2 com uma sequência global. O mesmo ocorre entre as duas espécies.

2.4.3 *Viróide da videira australiano*

O viróide australiano da videira (AGVd) é um novo viróide com menos de 50% de semelhança de sequência com qualquer viróide conhecido. No entanto, toda a sua sequência pode ser dividida em regiões, cada uma com uma elevada semelhança de sequência com segmentos de um dos viróides citrus exocortis, potato spindle tuber, apple scar skin e grapevine yellow speckle. O AGVd contém toda a região central conservada do grupo do viróide da cicatriz da maçã e é proposto como membro deste grupo (Kolunow et al., 1988).

2.4.4 *Citrus Excortis Viroid*

O CEVd tem uma vasta gama de hospedeiros, ou seja, para além dos citrinos (Fawcett e Klotz, 1948) e da videira (Garcia-Arenal et al., 1987), infecta algumas espécies da família *Compositae* (Niblett et al., 1980), *Solanaceae* (Morris et al., 1977). *Leguminosae, Brassicaceae* e *Moraceae,* como o crisântemo (Niblett et al., 1980), o tomate (Mishra et al., 1991), a fava (Fagoaga et al., 1995), a beringela, a cenoura nabo (Fagoaga et al., 1996) e o figo (Yakoubi et al., 2007), respetivamente.

2.5 As técnicas de deteção na doença de Viroide

Os viróides são normalmente detectados por microscopia eletrónica e caraterização biológica, com base na gama de hospedeiros, bioensaio, eletroforese em gel de poliacrilamida (PAGE), hibridação molecular, ensaio imuno-sorvente ligado a enzimas RT-PCR (RT-PCR-ELISA), PCR em tempo real e RT-PCR.

A reação em cadeia da polimerase em tempo real (qPCR) é uma técnica laboratorial de biologia molecular baseada na reação em cadeia da polimerase (PCR). Monitoriza a amplificação de uma molécula de ADN alvo durante a PCR, ou seja, em tempo real, e não no seu final, como na PCR convencional. A PCR em tempo real pode ser utilizada quantitativamente (PCR quantitativa em tempo real) e semi-quantitativamente, ou seja, acima/abaixo de uma determinada quantidade de moléculas de ADN (PCR semi-quantitativa em tempo real). Dois métodos comuns para a deteção de produtos de PCR na PCR em tempo real são:

(1) Corantes fluorescentes não específicos que se intercalam com qualquer ADN de cadeia dupla;

(2) Sondas de ADN específicas da sequência, constituídas por oligonucleótidos marcados com um repórter fluorescente que só permite a deteção após hibridação da sonda com a sua sequência complementar.

As diretrizes da Minimum Information for Publication of Quantitative Real-Time PCR Experiments (MIQE) propõem que a abreviatura qPCR seja utilizada para PCR quantitativa em tempo real e que RT-qPCR seja utilizada para qPCR de transcrição inversa. O acrónimo "RT-PCR" designa normalmente a reação em cadeia da polimerase com transcrição reversa e não a PCR em tempo real, mas nem todos os autores aderem a esta convenção.

Foi comunicada a utilidade dos testes ELISA para a diferenciação de estirpes de vários vírus: Tomato spotted wilt virus (Sherwood et al., 1989; De Avila et al., 1990), Beet mild yellowing virus (Stevens et al., 1994; Smith et al., 1996), Soybean mosaic virus (Bowers et al., 1979), Potato virus Y (Canto et al., 1995), Apple chlorotic leaf spot virus (Malinowski et al., 1998) e Beet necrotic yellow vein virus (Mahmood et al., 1999). Para além da proteína de revestimento (CP) do Potato virus Y (PVY), é também sintetizada nas plantas infectadas uma proteína componente auxiliar (HC-Pro) que ajuda na transmissão do afídeo. Os MAbs e PAbs gerados contra a HC-Pro podem ser utilizados para diferenciar as estirpes de PVY (Canto et al., 1995, Blanco-Urgoiti et al., 1998). Foi utilizado um MAb para diferenciar o Beet mild yellowing virus (BMYV), com uma gama de hospedeiros diferente de outras estirpes de BMYV normalmente observadas em condições de campo (Smith et al., 1996).

Os anticorpos monoclonais (MAbs) têm uma maior capacidade de discriminação, uma vez que podem reagir com diferentes epítopos específicos presentes na proteína da capa viral ou noutra proteína associada ao vírus. Os vírus das plantas e as suas estirpes foram classificados em diferentes serótipos com base na sua reatividade a diferentes MAbs. Os serótipos podem ter em comum caraterísticas biológicas ou estruturais semelhantes. Utilizando o formato DAS-ELISA com uma combinação do MAb5B universal e MAbs específicos para serótipos, os isolados do vírus do amarelinho do arroz (RYMV) da África Ocidental (73) foram agrupados em três serogrupos distintos. Estes serogrupos foram correlacionados com dois patotipos de RYMV que foram diferenciados com base na sua reação num conjunto de cultivares de arroz diferenciados (Konate et al., 1997; Traore et al., 1997).

Um limiar de 90% de identidade da sequência de aminoácidos da proteína do nucleocapsídeo (NP) tospoviral que encapsida os ARN virais é um dos critérios importantes para a designação de espécies (Goldbach et al., 1996). Com base nas relações serológicas e na análise filogenética das NP, foram atribuídas ao género Tospovirus 16 espécies oficiais e provisórias de vírus que podem ser agrupadas em três serogrupos principais e quatro serótipos monoespecíficos (Jan et al., 2003). O Tomato spotted wilt virus (TSWV) e o Watermelon silver mottle virus (WSMoV) são os representantes dos serogrupos TSWV e WSMoV, respetivamente. O Calla Lily chlorotic spot virus (CCSV) isolado de Taiwan foi identificado como um tospovírus serologicamente, mas distantemente relacionado com o WSMoV, com base na relação serológica estabelecida através da utilização de PAbs e MAbs contra WSMoV NP e CCSV NP em formato ELISA indireto e de bandas de baixa intensidade em immunoblotting. Os MAbs produzidos contra a CCSV NP ou a WSMoV NP reagiram especificamente com antigénios homólogos, mas não com antigénios heterólogos, tanto no ELISA como em análises de imunotransferência (Lin et al., 2005).

A hibridação com sondas de cDNA ou cRNA é um método fácil e poderoso para detetar diferenças localizadas em qualquer região do genoma (Rosner et al., 1984; Rosner et al., 1986). No entanto, a necessidade de purificação do ARN e de sondas radioactivas, que têm uma vida curta e riscos de segurança, limita a utilização mais generalizada dos métodos de hibridação. Nos últimos anos, a disponibilidade de sondas não radioactivas, como as sondas de ADN e ARN marcadas com digoxigenina (DIG), alargou o âmbito da sua aplicabilidade. Foi desenvolvido um procedimento de hibridação não isotópica para diferenciar isolados do vírus da Tristeza dos citrinos (CTV) utilizando sondas de cDNA marcadas com DIG e diferentes tipos de alvo.

ARN. A hibridação de sondas marcadas com DIG com dsRNA purificado ou com extractos concentrados de ARN total em membranas de nylon permitiu a deteção de ácido nucleico de CTV equivalente a apenas 0,1-1,0 mg de tecidos infectados. Comparativamente, o nível de sensibilidade foi semelhante ou ligeiramente melhor do que o obtido por hibridação com uma sonda marcada com 32P. A hibridação de impressões de tecidos com sondas marcadas com DIG em condições rigorosas (60°C e 50% de formamida) pode diferenciar isolados de CTV em plantas de citrinos cultivadas em estufa ou no campo (Narvaez et al., 2000).

Foi desenvolvido um sistema de microarrays para a deteção e diferenciação de vírus de plantas e suas estirpes. Os amplicões do ARN viral das plantas são utilizados para a sua diferenciação por hibridação com sondas de oligonucleótidos sintéticos dispostos numa matriz bidimensional numa lâmina de vidro. O vírus do mosaico do pepino (CMV), conhecido por ser altamente heterólogo na sua proteína de revestimento (CP), foi utilizado como agente patogénico modelo.

Os genes CP de 14 isolados diferentes foram amplificados utilizando iniciadores genéricos marcados com cy3, mas específicos da espécie. Estes amplicões foram hibridizados contra um conjunto de cinco oligonucleótidos de 24 mers (sondas) diferentes, específicos do serótipo e do subgrupo, ligados a uma lâmina de vidro revestida de aldeído através de um amino-ligante. As sondas visavam regiões óptimas para a diferenciação entre os subgrupos 1 e 2 ou entre os subgrupos la e lb. Este procedimento de microarray permitiu uma diferenciação clara dos 14 isolados diferentes de CMV nos serogrupos 1 e 2 e também foi capaz de atribuir corretamente nove de dez serogrupos/isolados diferentes aos subgrupos la e lb. Não foi possível obter uma diferenciação tão clara utilizando a análise RFLP com a enzima de restrição Mspl. A hibridação de diferenciação contra cinco nucleótidos especificamente selecionados demonstra claramente o elevado potencial da tecnologia de microarray baseada em oligonucleótidos para a deteção e diferenciação ao nível de isolados de vírus. Este relatório apresenta pela primeira vez o desenvolvimento de um chip de diagnóstico para vírus de plantas (Deyong et al., 2005).

No entanto, estes métodos têm um carácter prático limitado. Os bioensaios estão associados a restrições de tempo e espaço, enquanto a PAGE está limitada pelo número de amostras para análise. A PCR quantitativa ou em tempo real (qPCR) é uma PCR padrão com a vantagem de detetar a quantidade de ADN formado após cada ciclo com corantes fluorescentes ou sondas de oligonucleótidos marcados com fluorescência. Os resultados da qPCR podem ser obtidos mais rapidamente e com menor variabilidade do que a PCR padrão devido à química fluorescente sensível e à eliminação dos procedimentos de deteção pós-PCR.

Foram desenvolvidos ensaios de transcrição inversa seguidos de PCR em tempo real baseados na química TaqMan® para a deteção e quantificação do *Cucumber vein yellowing virus* (CVYV) e do *Cucurbit yellow stunting disorder virus* (CYSDV) em adultos individuais do vetor da mosca branca *Bemisia tabaci*. O método inclui um controlo interno para a deteção de um gene de *B. tabaci* para compensar as variações na eficiência da extração. Os ensaios concebidos foram utilizados para estimar as proporções de moscas brancas viruliferas recolhidas em culturas comerciais em estufa em Espanha. Num número significativo de moscas brancas, ambos os vírus foram detectados e as suas quantidades foram estimadas. Os ensaios podem ser utilizados para auxiliar a avaliação do risco do CVYV e do CYSDV, que constituem factores limitantes nas culturas de cucurbitáceas. São também adequados para investigar a epidemiologia e as relações entre os vírus vegetais e os vectores destas doenças

A reação em cadeia da polimerase (PCR) é um processo bioquímico para amplificar sequências de ADN específicas a partir de quantidades relativamente pequenas de material inicial. Esta tecnologia imita a replicação do ADN num tubo de ensaio com uma enzima chave, a ADN polimerase termofílica. A PCR é realizada numa máquina termocicladora e envolve três passos: Fusão: desnaturação do duplex de ADN a uma temperatura elevada para produzir ADN de cadeia simples, Recozimento: os primers recobrem a sequência de ADN alvo de cadeia simples, Alongamento: A DNA polimerase prolonga os primers adicionando dNTPs à espinha dorsal de fosfato. Estas etapas completam um ciclo de PCR e o ciclo repete-se até se atingir uma concentração suficiente de ADN.

O Apple dimple fruit viroid (ADFVd) induz uma doença grave nos frutos que reduz drasticamente a qualidade comercial dos frutos de maçã. Foi desenvolvido um procedimento RT-PCR com iniciadores marcados de forma diferente, em conjunto com um iniciador universal, para a deteção e diferenciação de isolados do ADFVd e do *Apple scar skin viroid* (ASSVd), que também induz sintomas semelhantes aos do ADFVd nos frutos da macieira. Foi investigada a variabilidade das sequências de dois isolados de campo do ADFVd provenientes de duas cultivares comerciais de macieira. A sequenciação de 18 clones de cDNA de comprimento total revelou cinco novas variantes de sequência. A comparação das sequências mostrou nove posições polimórficas distribuídas em diferentes regiões da molécula do ADFVd. Dado que o ADFVd e o ASSVd causam sintomas semelhantes, é essencial determinar a extensão da infeção por estes dois viróides. Foi efectuada a deteção simultânea de ambos os viróides num formato multiplex. A transcrição inversa com o iniciador ADA-36 foi seguida de uma única reação de PCR com este iniciador e dois iniciadores específicos de viróide AD-38 rd e AS-3ft. Os produtos resultantes foram analisados por eletroforese em gel de agarose e examinados sob UV. A conservação de sequências existente entre certas regiões do ADFVd e do ASSVd, bem como a divergência de sequências noutras regiões, foram utilizadas para conceber primers específicos para os viróides, cada um deles marcado com um corante fluorescente diferente para deteção e discriminação rápidas dos dois viróides por amplificação RT-PCR. Um cDNA com o tamanho e a fluorescência esperados (254 pb e vermelho, e 330 pb e verde) foi amplificado a partir de tecidos infectados por ADFVd e ASSVd, respetivamente. Este protocolo também permitiu diferenciar estes dois viróides em infecções duplas em que um deles estava presente em maior concentração do que o outro viróide (Di Serio F et al., 2002).

A incidência do *Apple scar skin viroid* (ASSVd) foi registada pela primeira vez em Himachal Pradesh, na Índia. A diversidade genética dos isolados de ASSVd foi avaliada através de um ensaio de RT-PCR. Os amplicons (~330-bp) foram clonados e sequenciados. Dez clones assim gerados mostraram uma variabilidade significativa (94-100%) entre si. Além disso, verificou-se que a variabilidade era mais comum no domínio patogénico do genoma do viróide. Quatro clones tinham

330-nt, enquanto os outros seis clones tinham um nucleótido adicional. Sete clones foram considerados como novas variantes de sequência do ASSVd. Dois clones apresentaram 100% de identidade com um isolado chinês, enquanto seis clones apresentaram 99% de semelhanças nucleotídicas com um isolado coreano. Os restantes dois clones eram mais semelhantes aos isolados chinês e japonês de ASSVd. O protocolo RT-PCR desenvolvido nesta investigação foi útil para a deteção e discriminação de isolados de ASSVd (Walia et al., 2009).

O *viróide do mosaico latente do pessegueiro* (PLMVd), pertencente ao género *Pelamoviroide* da família *Avsunviroidae*, e o *viróide do pedrado do lúpulo* (HSVd), pertencente ao género *Hostuviroid* da família *Pospiviroidae*, causam doenças importantes em *Prunus* spp. Foi comunicado que os isolados de PLMVd (348-351 nt) que causam a doença do pessegueiro-calicioso (PC) têm uma sequência adicional que contém o determinante de patogenicidade do PC (Malfitano et al., 2003). Estudos filogenéticos indicaram que os isolados de PLMVd podiam ser divididos em três grupos principais (Ambros et al., 1998). A sequenciação dos produtos PCR mostrou que nove novas variantes do PLMVd estavam presentes nas 177 amostras de pêssego examinadas. O comprimento dos isolados de PLMVd sequenciados variava entre 335 e 338 nt. Todas as sequências obtidas foram agrupadas no grupo III. Os isolados de HSVd foram divididos em três grupos, principalmente com base na homologia geral, como tipo ameixa, tipo lúpulo e tipo citrinos. O comprimento dos isolados sequenciados foi de 297 e 298nt. Dois isolados de HSVd de alperce cv. Saturno não foram agrupados num dos grupos anteriormente propostos, sugerindo um novo grupo putativo de isolados de HSVd. Verificou-se que ambos os isolados de HSVd eram derivados de recombinação (Mandic et al., 2007). A RT-PCR tornou-se uma ferramenta importante para a deteção de viróides (Owens et al., 1981). Deteção e identificação simultâneas de vírus e viróide utilizando iniciadores conservados. A sensibilidade da RT-PCR é superior à da hibridação molecular.

2.6 Eliminação de viróides de plantas

A uva é um dos produtos mais populares do mundo. Em Taiwan, a uva é a mais valiosa do ponto de vista económico. Atualmente, as doenças da videira são problemas graves na cultura da videira. Uma vez que estas doenças e vírus são difíceis de eliminar das plantas de videira através de métodos convencionais de cultura de meristema apical, foram feitos muitos esforços para gerar plantas de videira completamente livres de doenças. Um longo período de tratamento a baixa temperatura é eficaz para gerar plantas de videira. Em alternativa, as plantas de uva podem ser geradas a partir de pontas de rebentos cultivadas num meio que contenha agentes antivírus. Atualmente, os métodos de deteção de várias doenças melhoraram e foram estabelecidos muitos métodos sensíveis, como a PCR aninhada ou a hibridação dot blot, para a deteção de viróides.

CAPÍTULO 3

Métodos de estudo

3.1 Origem dos materiais vegetais

Foram colhidas folhas jovens de 50 amostras de videiras durante os meses mais quentes do verão em diferentes vinhas de Changhua, Taiwan, durante o verão de 2015. As folhas das plantas apresentavam padrões de manchas ou linhas amarelas ou plantas assintomáticas. Foram analisadas amostras de quatro ou cinco plantas vizinhas de cada segunda fila da vinha. As folhas foram recolhidas e armazenadas a -80°C até à sua utilização (Figura 3-1).

Figura 3-1. Folhas de videira colhidas no condado de Changhua, Taiwan, em junho de 2O15.(A) O Hop stunt viroid (HSVd) e o Grapevine yellow speckle 1 (GYSVd-1) foram detectados nas amostras de folhas; (B) Apenas o GYSVd

3.2 Extração de ARN

As folhas de videira (100 mg) foram homogeneizadas num almofariz com 450 µl de tampão PRX (adicionar dez µl de β-mercaptoetanol). Após centrifugação a velocidade máxima (13000 xg) durante 2 minutos, transferir a amostra de fluxo do tubo de colheita para um novo tubo, adicionar 230 µl de etanol a 98-100% ao lisado claro e misturar com uma pipeta, aplicar 680 µl da amostra adicionada de etanol a uma minicoluna de ARN total de plantas colocada num tubo de colheita, fechar a tampa, centrifugar a 10000 x g durante 1 minuto e eliminar o filtrado. Lavar a coluna uma vez com 0,5 ml de tampão WF, centrifugando à velocidade máxima durante 1 minuto e rejeitar o filtrado. Lavar a coluna duas vezes com 0,7 ml de tampão WS, centrifugando à velocidade máxima durante 1 minuto e rejeitando o filtrado; em seguida, centrifugar à velocidade máxima durante 3 minutos para remover vestígios de tampão WS. Por fim, transferir a coluna para um tubo de eluição de 1,5 ml isento de RNase, adicionar 50 pl de dd H2O isento de RNase e centrifugar à velocidade máxima durante 2 minutos para eluir o ARN. A qualidade do ARN extraído foi medida utilizando um espetrofotómetro UV (Figura 3-2) com um rácio de 1,8-2,0.

Figura 3-2. Espectrofotómetro UV

3.3 Designação de um iniciador específico para viróide

De facto, todos os métodos disponíveis utilizam aproximações (heurísticas). Além disso, as diferenças de desempenho observadas nas análises comparativas (ver mais adiante) surgem geralmente como estimativas médias; assim, as abordagens que funcionam bem para uma determinada família de genes ou proteínas podem não funcionar tão bem para uma família diferente. Por conseguinte, como procedimento padrão, devem-se utilizar várias abordagens de alinhamento e conjuntos de parâmetros e inspecionar cuidadosamente os resultados (revisto em (Duret et al., 2000; Notredame et al., 2002). Neste ponto, analisaremos diferentes procedimentos de alinhamento global (ou seja, para sequências relacionadas com o seu comprimento total) para efetuar o MSA. O alinhamento é um dos aspetos mais importantes, mas ironicamente subvalorizado e negligenciado, da análise de sequências (Crandall et al., 2005); por isso, tentaremos explicar aqui as estratégias subjacentes a alguns dos algoritmos mais utilizados, bem como os seus pontos fortes e as suas limitações.

Os algoritmos de alinhamento progressivo são, de longe, os mais utilizados devido à sua rapidez, simplicidade e eficiência. A estratégia básica desses métodos é primeiro estimar uma árvore e depois construir um alinhamento par a par das subárvores encontradas em cada nó interno. Os algoritmos mais sofisticados (por exemplo, os algoritmos iterativos) também utilizam esta estratégia básica nos passos iniciais ou finais das suas rotinas. O algoritmo progressivo mais frequentemente utilizado é o implementado no Clustal-W (Thompson et al., 1994) e na sua interface de janela Clustal-X (Thompson et al., 1997).

Uma vez que as sequências de um número crescente de viróides estão disponíveis no Genbank na World Wide Web, é agora possível conceber iniciadores específicos para a deteção de um grande número de viróides. Nesta análise, foram sintetizados, de acordo com um relatório anterior, pares de iniciadores específicos para a deteção do *Hop stunt viroid* (HSVd), do *Australian grapevine viroid* (AGVd), do *Grapevine yellow speckle viroid-1* (GYSVd-1), do *Grapevine yellow speckle viroid-2*

(GYSVd-2) e do *Citrus exocortis viroid* (CEVd) (quadro 3-1). Quatro pares de primers correspondentes ao HSVd-DY (HSVd-(O) Old & HSVd-New) e ao GYSVd-1 -DY(GYSVd-1-(O) Old & GYSVd- 1-(N) New) foram recentemente concebidos de acordo com as sequências disponíveis no National Center for Biotechnology Information (NCBI, http://www.ncbi.nlm.nih.gov) com os números de acesso: HSVd-New-DY (AB742225, HE575348, AB742224, JX401927, AY594202, FJ716178, JX418270, FJ716190, HQ386721, GU327606), HSVd-Old foi concebido por Sano *et al.* (2001), o GYSVd-1-New-DY (JF746188, JF746176, JF746193, JF746185, JF746182, JF746184, JF746189, JF746180, JF746183, JF746190) e o GYSVd-1- O foi concebido por (Hajizadeh et al. 2012).

```
AB742225    CTGGGGAATTCTCG-AGTTGCCGCATCAGGCAAGCAAAGAAAAAA-CAAGGCAGGGAG-G
Y14050      CTGGGGAATTCTCG-AGTTGCCGCATCAGGCAAGCAAAGAAAAAA-CAAGGCAGGGAG-G
HM357802    CTGGGGAATTCTCG-AGTTGCCGCATCAGGCAAGCAAAGAAAAAA-CAAGGCAGGGAG-G
Y09352      CTGGGGAATTCTCG-AGTTGCCGCATCAGGCAAGCAAAGAAAAAA-CAAGGCAGGGAG-G
M35717      CTGGGGAATTCTCG-AGTTGCCGCATCAGGCAAGCAAAGAAAAAA-CAAGGCAGGGAG-G
FJ716190    CTGGGGAATTCTCG-AGTTGCCGCATG-GGCAAGCAAAGAAAAAA-CAAGGCAGGGAGGA
FJ716178    CTGGGGAATTCTGC-AGTTGCCGCATAAGGCATGCAAAGAAAAAA-CAAGGCAGGAAGGA
JX418270    CTGGGGAATTCTCG-AGTTGCCGCATAAGGCAAGCAAAGAAAAAA-CAAGGCAGGGAGGA
AY594202    CTGGGGAATTCTCG-AGTTGCCGCATA-GGCAAGCAAAGAAAAAA-CAAGGGCAGGAG-A
HQ386721    CTGGGGAATTCTCGTAGTTGCCGCATG-GGCAAGCAAAGAAAAAA-CAAGGCAGGGAG-G
X13838      CTGGGGAATTCTCG-AGTTGCCGCACA-GGCAAGCAAAGAAAAAA-CAAGGCAGGGAG-G
AB742224    CTGGGGAATTCTCG-AGTTGCCGCAAAAGGCAAGCAAAGAAAAAAACAAGGCAGGAAG-G
GQ995466    CTGGGGAATTCTCG-AGTTGCCGCATAAGGCATGCAAAGAAAAAAACTTGGCAGGGAG-G
EF523825    CTGGGGAATTCTCG-AGTTGCCGCAGAAGGCAAGCAAAGAAAAAAACTAGGCAGGAAG-G
KF916041    CTGGGGAATTCTCG-AGTTGCCGCATAAGGCATGCAAAGAAAAAAACTAGGCAGGGAAGG
HSVd-DY     CTGGGGAATTCTCG-AGTTGCCGCATAAGGCATGCAAAGAAAAAAACTAGGCAGGGAAGG
DQ371446    CTGGGGAATTCTCG-AGTTGCCGCAAAAGGCATGCAAAGAAAAAAACTAGGCAGGGAAGG
GQ995464    CTGGGGAATTCTCG-AGTTGCCGCAAAAGGCATGCAAAGAAAAAAACTAGGCAGGGAAGG
FJ771023    CTGGGGAATTCTCG-AGTTGCCGCAAAAGGCATGCAAAGAAAAAAACTAGGCAGGGAG-G
JX401927    CTGGGGAATTCTCG-AGTTGCCGCAAAAGGCATGCAAAGAAAAAAACTAGGCAGGGAG-G
            *************** ********** **** ************* ** * *
```

Figura 3-3. Alinhamento da sequência múltipla do HSVd pelo programa CLUSTAL-W para a conceção de iniciadores. A sequência completa *do Hop stunt viroid* foi obtida do GenBank. O asterisco indica um nucleótido conservado. O traço indica a posição dos iniciadores. Alinhamento da sequência múltipla do HSVd pelo programa CLUSTAL-W para a conceção dos iniciadores. A sequência completa *do Hop stunt viroid* foi obtida do GenBank. O asterisco indica um nucleótido conservado. O traço indica a posição dos iniciadores.

```
JF746188    TGCA-AGAAAAGAAGATCGGGGCAGAGGGGGAGTGAGCCTCGTCGTCGACGAAGGGGTGC
GYSVd-1-DY  TGCAGAGAAAAGAAGATCGGGGCAGAGGGGGAGTGAGCCTCGTCGTCGACGAAGGGGTGC
AB028466    TGCA-AGAAAAGAAGATCGGGGCAGAGGGGGAGTGAGCCTCGTCGTCGACGAAGGGGTGC
Z17225      TGCA-AGAAAAGAAGATCGGGGCAGAGGGGGAGTGAGCCTCGTCGTCGACGAAGGGGTGC
DQ371474    TGCA--AAGAAGAAGATAGGGGCAGAGGGGGTTCGAGCCTCGTCGTCGACGAAGGGGTGC
AY639607    TGCA--GAGAAGAAGATAGGGGCAGAGGGGGTTCGAGCCTCGTCGTCGACGAAGGGGTGC
HQ447058    TGCA--AAGAAGAAGATAGGGGCAGAGGGGGAATGAGCCTCGTCGTCGACGAAGGGGTGC
GQ995473    TGCA--AAGAAGAAGATAGGGGCAGAGGGGGAATGAGCCTCGTCGTCGACGAAGGGGTGC
JF746190    TGCA--AAGAAGAAGATAGGGGCAGAGGGGGAGTGAGCCTCGTCGTCGACGAAGGGGTGC
AB742222    TGCA--AAGAAGAAGATAGGGGCAGAGGGGGAGTGAGCCTCGTCGTCGACGAAGGGGTGC
EU682453    TGCA--AAGAAGAAGATAGGGGCAGAGGGGGAGTGAGCCTCGTCGTCGACGAAGGGGTGC
GU170805    TGCA--AAGAAGAAGATAGGGGCAGAGGGGGAGTGAGCCTCGTCGTCGACGAAGGGGTGC
AF462167    TGCA--AAGAAGAAGATAGGGGCAGAGGGGGAGTGAGCCTCGTCGTCGACGAAGGGGTGC
KF916046    TGCA--AAGAAGAAGATAGGGGCAGAGGGGGAGTGAGCCTCGTCGTCGACGAAGGGGTGC
JQ686713    TGCA--AAGAAGAAGATAGGGGCAGAGGGGGAGTGAGCCTCGTCGTCGACGAAGGGGTGC
DQ371469    TGCA--AAGAAGAAGATAGGGGCAGAGGGGGAGTGAGCCTCGTCGTCGACGAAGGGGTGC
DQ371470    TGCA--AAGAAGAAGATAGGGGCAGAGGGGGAGTGAGCCTCGTCGTCGACGAAGGGGTGC
DQ371468    TGCA--AAGAAGAAGATAGGGGCAGAGGGGGAGTGAGCCTCGTCGTCGACGAAGGGGTGC
AF059712    TGCA--AAGAAGAAGATAGGGGCAGAGGGGGAGTGAGCCTCGTCGTCGACGAAGGGGTGC
KC427099    TGCA--AAGAAGAAGATAGGGGCAGAGGGGGAGTGAGCCTCGTCGTCGACGAAGGGGTGC
            ****  * ******** *************    ************************
```

```
JF746188     ACTCCGAGTGCCTGAGCTGGTCGACGTCCAGCTC-CCTCGGGACCACGCTGCTCTGGGCG
GYSVd-1-DY   ACTCCGAGTGCCTGAGCTGGTCGACGTCCAGCTC-CCTCGGGACCACGCTGCTCTGGGCG
AB028466     ACTCCGAGTGCCTGAGCTGGTCGACGTCCAGCTC-CCTCGGGACCACGCTGCTCTGGGCG
Z17225       ACTCCGAGTGCCTGAGCTGGTCGACGTCCAGCTC-CCTCGGGACCACGCTGCTCTGGGCG
DQ371474     GAACCGAGTGCCTGAGCTGGTCGACGTCCGACTC-CCTCGAGACC-TGCTGCTCTGGGCG
AY639607     GAACCGAGTGCCTGAGCTGGTCGACGTCCAGCTC-CCTCGGGACCACGCTGCTCTGGGCG
HQ447058     ATTCCGAGTGCCTGAGCTGGTCGACGTCCAGCTC-CCTCGGGACC-TGCTGCTCTGGGCG
GQ995473     ATTCCGAGTGCCTGAGCTGGTCGACGTCCAGCTC-CCTCGGGACC-TGCTGCTCTGGGCG
JF746190     ACTCCGAGTGCCTGAGCTGGTCGACGTCCAGCTC-CCTCGGGACC-TGCTGCTCTGGGCG
AB742222     ACTCCGAGTGCCTGAGCTGGTCGACGTCCAGCTC-CCTCGGGACC-TGTTGCTCTGGGCG
EU682453     ACTCCGAGTGCCTGAGCTGGTCGACGTCCAGCTC-CCTCGGGACC-TGCTGCTCTGGGCG
GU170805     ACTCCGAGTGCCTGAGCTGGTCGACGTCCAGCTC-CCTCGGGACCACGCTGCTCTGGGCG
AF462167     ACTCCGAGTGCCTGAGCTGGTCGACGTCCAGCTC-CCTCGGGACC-TGCTGCTCTGGGCG
KF916046     ACTCCGAGTGCCTGAGCTGGTCGACGTCCAGCTC-CCTCGGGACCACGCTGCTCTGGGCG
JQ686713     ACTCCGAGTGCCTGAGCTGGTCGACGTCCAGCTC-CCTCGGGACCACGCTGCTCTGGGCG
DQ371469     ACTCCAAAGCTCCGAACTGG-CGTCGTCCGGCTCTCCTCGGAGCCTCGCTGCTCTGGGCG
DQ371470     ACTCCAAAGCTCCGAACTGG-CGTCGTCCGGCTCTCCTCGGAGCCTCGCTGCTCTGGGCG
DQ371468     ACTCCAAAGCTCCGAACTGG-CGTCGTCCGGCTCTCCTCGGAGCCTCGCTGCTCTGGGCG
AF059712     ACTCCAAAGCTCCGAACTGG-CGTCGTCCGGCTCTCCTCGGAGCCTCGCTGCTCTGGGCG
KC427099     ACTCCAAAGTCCCGAACTGG-CGTCGTCCGGCTCTCCTCGGAGCCTCGCTGCTCTGGGCG
             **  *     *  ** **** ** *****  *** *****    **   * **********
```

Figura 3-4. Alinhamento da sequência múltipla de GYSVd-1 pelo programa CLUSTAL-W para a conceção de primers. A sequência completa de *GYSVd-1* foi obtida do GenBank. O asterisco indica um nucleótido conservado. A linha alta indica a posição dos primers.

Tabela 3-1. Primários utilizados neste trabalho

Tested viriods	Primer name	Sequence (5'-3')	Positions	Expected cDNA (bp)	Reference
HSVd	5'HSVd-N-mF	5'CTGGGGAATTCTCGAGTTGC-3'	1-15	300	This work
	3'HSVd-N-mR	5'AGGGGCTCRAGAGAGGMTC-3'	248-262		
	5'HSVd-O-mF	5'AACCCGGGGCAACTCTTCT-3'	76-95	298-307	Sano et al. (2001)
	3'HSVd-O-mR	5'AACCCGGGGCTCCTTTCTCA-3'	85-66		
GYSVd-1	5'GYSVd-1-N-mF	5'ACGAAGGGGTGCACTCCGAGTG-3'	108-127	367	This work
	3'GYSVd-1-N-mR	5'CGACGACGAGGCTCACTCCC-3'	86-105		
	5'GYSVd-1-O-mF	5'CAAAGCCCTTTTTCTTTCAACTGAG-3'	293-317	249	Hajiadeh et al.(2012)
	3'GYSVd-1-O-mR	5'CCCAGAGCAGCGTGGTCC-3'	158-174		

Utilizar Pick up Primer para conceber primers de acordo com as normas: Para sequências com mais de 1 Kb, utilizar uma sequência de 500 pb. Escolher a área com base numa região conservada. Definir as concentrações dos primers para 200 nM a partir de 50 nM. Manter o teor de % G/C dos primers tão próximo quanto possível durante a seleção. Faça corresponder as Tms dos primers, por exemplo, 59°C, 55°C, 53°C.

Selecionar 3-4 primers para testar. Verifique o alinhamento da sequência para se certificar de que o ensaio se encontra numa região aceitável. Concebi os meus primers seguindo as normas: HSVd-N-mF (teor de GC 55%, Tm(50mM Na+) é 53,8°C), HSVd-N-mR (teor de GC 57,89%, Tm(50mM Na+) é 51,8°C),GYSVd-1-N-mF (teor de GC 63,64%, Tm(50mM Na+) é 60,4°C) e GYSVd-1-N-mR (teor de GC 70%, Tm(50mM Na+) é 59,9°C).

3.4 A reação única de RT-PCR

Os viróides requerem a introdução de uma etapa de RT antes do processo de amplificação por PCR (RT-PCR, ilustrado na Figura 3-5). A reação de PCR baseia-se no recozimento e na extensão enzimática de dois iniciadores de oligonucleótidos (cada um com 16 a 30 nucleótidos de comprimento), a região-alvo num ADN duplex, utilizando uma polimerase de ADN "termoestável" que mantém a atividade enzimática a temperaturas elevadas.

Estas três etapas (desnaturação, recozimento do iniciador e extensão do iniciador), que são efectuadas a intervalos de temperatura discretos (por exemplo, 94°C a 98°C, 37°C a 65°C e 72°C, respetivamente), representam um único ciclo de PCR. A temperatura de recozimento e de extensão do iniciador pode depender da enzima de ADN utilizada e da sequência/comprimento específico dos iniciadores utilizados.

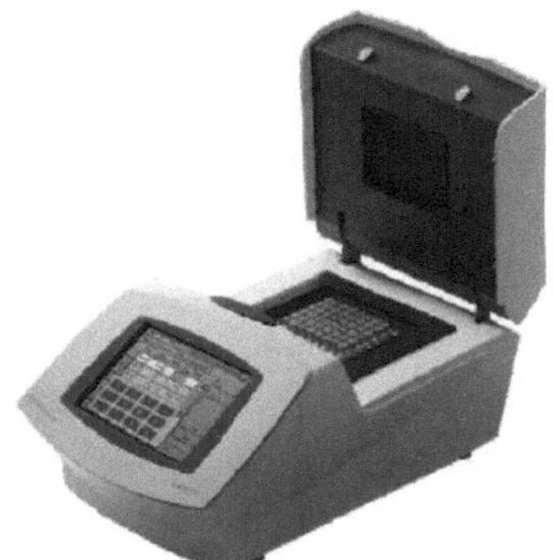

Figura 3-5. Máquina RT-PCR

3.5 RT-PCR multiplex (mRT-PCR)

A mRT-PCR foi realizada com 2 pl de cDNA misturado com 0,2 pM para cada iniciador e configurada num passo de PCR seguindo os parâmetros de ciclagem: incubação a 50°C durante 30 min, inativação a 94°C durante 2 min, seguida de 32 ciclos de desnaturação (94°C durante 1 min), recozimento do iniciador durante 30s a 53°C, alongamento (72°C durante 2 min) e extensão (72°C durante 7 min).

Foram escolhidas combinações de primers que nos permitissem separar e distinguir os fragmentos amplificados esperados num gel de agarose a 1%. Foram testadas várias combinações de concentrações de iniciadores para determinar qual delas permitia a amplificação de todas as sequências alvo. Os produtos de mRT-PCR foram analisados por eletroforese em gel de agarose a 1%, corados com brometo de etídio e visualizados sob luz UV.

3.6 Eluição e clonagem de ADN

Os produtos de ADN foram extraídos da eletroforese em gel pelo kit de extração Micro-Elute DNA Clean (GenMark), de acordo com as instruções do fabricante: cortar a banda de ADN pretendida (≤500 mg) com um bisturi após eletroforese em tampão TBE, transferir a fatia de gel para um novo tubo de microcentrifugação de 1,5 ml e adicionar 2 volumes (ou 3 volumes se o gel de agarose for >2%) de solução de ligação à fatia de gel, ressuspender a matriz de sílica até obter uma suspensão homogénea. Adicionar 15 µl de suspensão de sílica à amostra; incubar 5-15 min a 60°C para dissolver a agarose. Vortex 2-3 vezes durante a incubação, centrifugar à velocidade máxima durante 2 min e pipetar o sobrenadante cuidadosamente sem perturbar a sílica e deixar 20 pl de solução com sílica, inserir o filtro Spin num tubo de recolha, ressuspender a mistura de matriz de ADN/sílica com uma pipeta e aplicar a solução de matriz no centro do filtro e centrifugar durante 1 min à velocidade máxima, adicionar 700 µl de solução de lavagem e centrifugar durante 2 min à velocidade máxima. Deitar fora o fluxo. Repetir este passo mais uma vez, eliminar o filtrado e centrifugar durante 3-5 minutos à velocidade máxima para remover vestígios residuais de etanol. Transferir o filtro Spin para um novo tubo de microcentrifugação, adicionar 10-20 pl de Elution Solution ou $H_2 O$ (pH 7,0-8,5) no centro do filtro. Centrifugar à velocidade máxima durante um minuto e armazenar o ADN eluído a -20°C.

O produto da PCR foi clonado no vetor de clonagem yT&A (Invitrogen, Carlsbad, CA), de acordo com as instruções do fabricante. Os fragmentos de ADN foram ligados ao vetor TA e transformados em E. coli XL-1 como células competentes. Misturar o ADN e o vetor TA nas reacções por pipetagem e, em seguida, incubar as reacções durante 5 a 15 minutos a 22°C e incubar as reacções durante a noite a 4°C. Os recombinantes foram introduzidos em Escherichia coli XL-1 com ampicilina e tetraciclina; a concentração incuba as placas de um dia para o outro a 37°C (mostrado na Figura 3-6). Uma única colónia contendo a clonagem TA inserida foi colhida com um palito, introduzida em 5 ml de meio L-Broth (Tryptone, levedura) contendo ampicilina e incubada com agitação durante uma noite a 37°C. O ADN do plasmídeo foi purificado e digerido com a enzima Hindlll para confirmar o tamanho correto do fragmento de ADN.

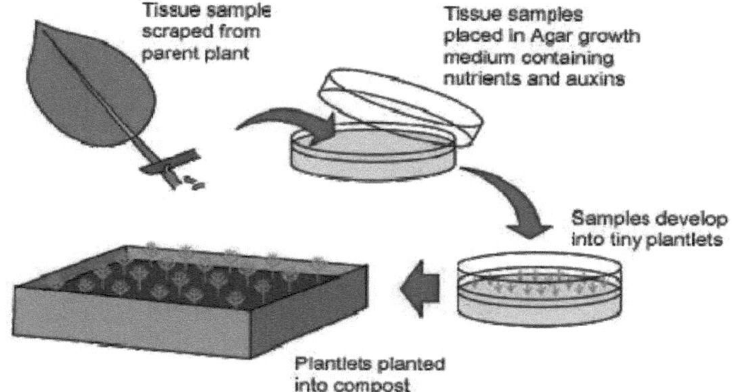

Figura 3-6. Clonagem de plantas

3.7 Construção de árvores filogenéticas

As abordagens filogenéticas são essenciais para estudar a diversidade, a origem e a distribuição dos vírus das plantas. As filogenias, ou histórias evolutivas, fornecem informações sobre as principais inovações que permitem aos agentes patogénicos a capacidade de se propagarem e atacarem determinados hospedeiros. São essenciais para determinar o que um determinado agente patogénico pode ser, de onde veio e como evolui para infetar um determinado hospedeiro ou escapar às tentativas de erradicação. Estão também a ser desenvolvidas abordagens filogenéticas para examinar a dinâmica das populações, para separar os efeitos históricos dos efeitos actuais na estrutura das populações e para estimar o fluxo genético, a direccionalidade da migração e as relações filogeográficas de genótipos únicos. Estas abordagens filogenéticas são frequentemente complicadas e estão continuamente a ser revistas e desenvolvidas. Neste capítulo, revemos algumas das abordagens básicas, incluindo algumas das abordagens genéticas populacionais para estudar a evolução viral das plantas. Ao fazê-lo, indicamos ao leitor alguns programas informáticos que considerámos úteis nas nossas análises de dados virais. Existe, evidentemente, uma infinidade de software disponível. Para um resumo completo da maioria dos utilitários de software filogenético, remetemos os leitores para o sítio Web de Joseph Felsenstein, que compilou diligentemente esse resumo com ligações a uma grande variedade de pacotes de software filogenético: http devolution, genetics .Washington, edu/phylip/ software .html.

A árvore filogenética foi construída utilizando a sequência genómica completa do HSVd e do GYSVd-1, respetivamente. Estas sequências foram alinhadas e comparadas utilizando o alinhamento múltiplo de sequências em formato Philip. As distâncias evolutivas entre pares para as sequências de nucleótidos foram estimadas utilizando o programa DNADIST do pacote de software PHYLIP versão 3.69 (Felsentein, 2005) e o método F84 como modelo de substituição. Os dendrogramas de relacionamento foram desenhados usando o programa TreeView (Page, 1996) com as análises de junção de vizinhos (NJ), mantendo o valor de bootstrap de 100 réplicas.

CAPÍTULO 4

Resultados e discussões

4.1 Resultados

4.1.1 Rendimento e qualidade do extrato de ARN

Foram obtidos 100 mg de tecido foliar de folhas sintomáticas (como se mostra na Fig. 3-1) recolhidas em explorações vitícolas durante a época de verão. O RNA total foi extraído utilizando o kit de extração de RNA (Invitrogen, Carlsbad, CA) e a quantidade e qualidade do RNA foram determinadas por espetrofotómetro UV. O rácio de260/280 é de cerca de 1,8-2,0, indicando a pureza do ARN.

4.1.2 Conceção de primers para a deteção de viróides

Para conceber novos primers para a deteção do HSVd e do GYSVd-1, foram obtidas no GenBank 17 sequências completas do HSVd (Fig. 3-3) e 19 sequências do GYSVd-1 (Fig. 3-4), tendo sido efectuado um alinhamento múltiplo das sequências. Foram encontradas regiões conservadas e foram sintetizados primers adequados para RT-PCR (Quadro 3-1).

4.1.3 Deteção de viróides da videira por reação única de RT-PCR

Antes de aplicar a reação multiplex RT-PCR, foi realizada uma RT-PCR simples para avaliar a especificidade dos primers na deteção de 5 viróides da videira. Na deteção de 50 amostras de campo, o HSVd foi encontrado em todas as amostras testadas (Fig. 4-1, pista 2) e o GYSVd-1 foi encontrado em 8 das 50 amostras (16% de infecciosidade) (Fig. 4-1, pista 1), enquanto o AGVd, o GYSVd-2 e o CEVd não foram detectados (Quadro 4-1). Foi clonado um amplicon derivado da RT-PCR com iniciadores específicos do HSVd, denominado HSVd-DY, que continha a sequência genómica completa de 301 nt. O fragmento de ADN obtido com os iniciadores específicos do GYSVd-1 foi também clonado e o genoma completo continha 367 nt.

Tabela 4-1. Resultados da análise do HSVd e do GYSVd-1 do condado de Changhua, Taiwan, por mRT-PCR (MP) e RT PCR simples (SP) de 2015-2016.

Test	2015				2016			
Samples	HSVd		GYSVd-1		HSVd		GYSVd-1	
	MP	SP	MP	SP	MP	SP	MP	SP
5	+	+	-	-	+	+	-	-
1	+	+	-	-	+	+	+	+
3	+	+	-	-	+	+	-	-
2	+	+	-	-	+	+	-	+
4	+	+	-	-	+	+	-	-
1	+	+	+	+	+	+	-	-
3	+	+	-	-	+	+	-	-
2	+	+	-	-	+	+	-	-
3	+	+	-	-	+	+	+	+
3	+	+	-	-	+	+	-	-

4	+	+	-	-	+	+	-	-
5	+	+	-	-	+	+	-	-
2	+	+	+	+	-	+	-	-
1	+	+	+	+	+	+	+	+
1	+	+	+	+	+	+	+	+
1	+	+	+	+	+	+	-	-
3	+	+	-	-	+	+	-	-
1	+	+	+	+	-	+	-	-
1	-	+	+	+	-	+	-	+
4	+	+	-	-	+	+	-	-

(+) e (-) denotam o estado infetado e saudável durante dois anos consecutivos. O itálico realça as amostras que apresentaram resultados positivos na sRT-PCR, mas negativos na mRT-PCR.

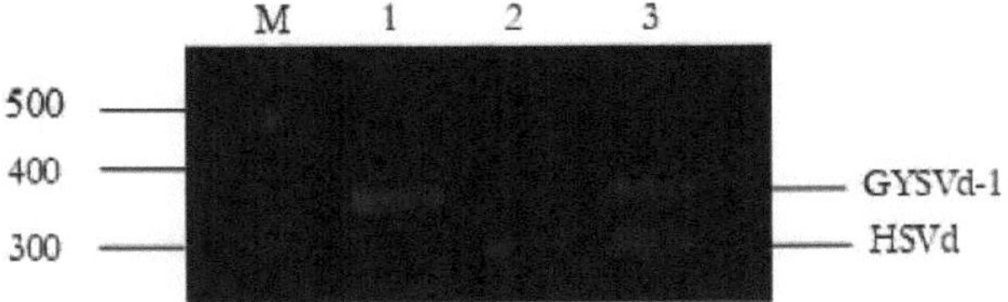

Figura 4-1. Análise de eletroforese em gel de agarose da reação RT-PCR simples e multiplex. Pista 1, com primers específicos para o GYSVd-1; Pista 2, com primers específicos para o HSVd; Pista 3, com primers mistos para a deteção do GYSVd-1 e do HSVd. Pista M, marcadores de peso molecular (GENMARK, GM100).

4.1.4 Desenvolvimento da reação multiplex RT-PCR

Para os ensaios RT-PCR multiplex, os pares de iniciadores específicos para mais de um viróide foram adicionados à mesma mistura RT-PCR. No teste preliminar, a concentração final de todos os primers foi de 0,5 pM. No entanto, o resultado foi que o amplicon do GYSVd-1 era fraco. Um ajuste com uma combinação de 0,4 µM de pares de iniciadores do HSVd mais 0,5 pM de pares de iniciadores do GYSVd-1 foi eficaz na deteção do HSVd e do GYSVd-1 a partir de extractos de videira que revelaram uma infeção mista destes dois viróides (Figura 4-1).

Clonagem T&A e enzima HindIII Protocolo de ligação utilizando o vetor de clonagem yT&A®.

- Centrifugar os tubos de vetor de clonagem yT&A® e de ADN de PCR para recolher o conteúdo no fundo dos tubos (Figura. 4-2);
- Agitar vigorosamente o tampão de ligação antes de o utilizar;
- Preparar os seguintes itens conforme descrito abaixo: tampão de ligação A (1µl), tampão de ligação B (1 µl), vetor de clonagem yT&A® (2pl), produto PCR (2pl), T4 DNA ligase (1 µl), ADN de controlo e Adicionar água desionizada a um volume final de 10 µl;
- Misturar as reacções por pipetagem;
- Incubar as reacções durante 5 a 15 minutos a 22°C. Em alternativa, se for necessário o máximo de transformantes, incubar as reacções durante a noite a 4°C;
- Transformação de células competentes (Figura 4-3 e Figura 4-4).

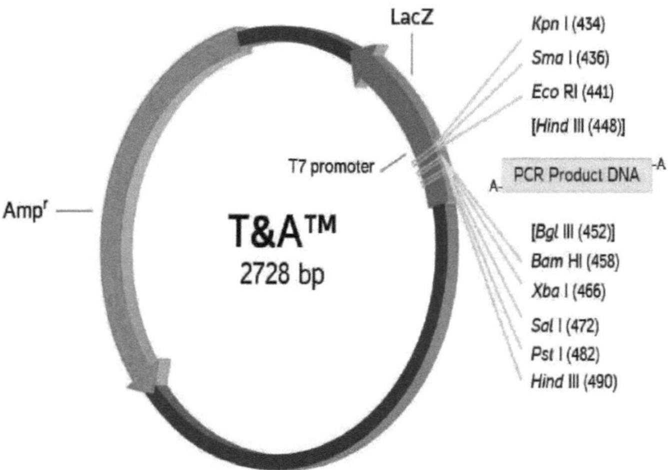

Figura 4-2. Mapa e pontos de referência da sequência do vetor de clonagem T&A

Protocolo para PCR de colónias

-Colher uma colónia isolada com um palito esterilizado. Utilizar a colónia como modelo para a PCR. Inocular 25 pl de tampão de reação de PCR num tubo de microfibra como descrito abaixo: Tampão pré-misturado para PCR (O "inl DNA polymerase premix, YT005) (23 µl), M13-F (10 µM) (ul), M13-R (10 µM) (1ul);

- Configurar o programa do ciclo térmico;
- Verificar em gel de agarose a 1%;
- Por exemplo: Utilizando o ADN de controlo fornecido no kit do vetor de clonagem yT&A® como ADN de inserção, o resultado da PCR da colónia é apresentado como se segue:

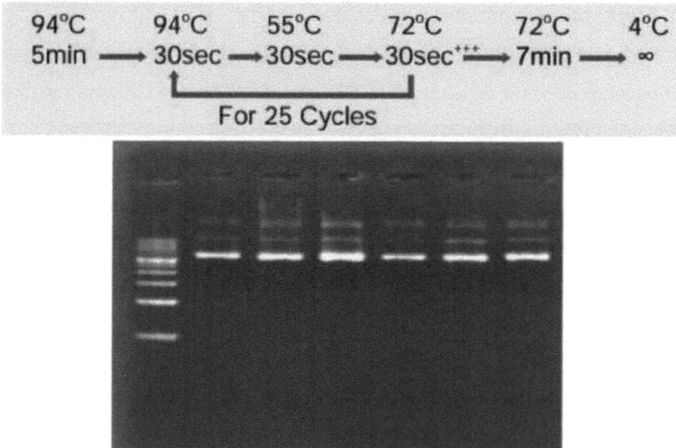

Figura 4-3. Eletroforese em gel de agarose para análise do ADN inserido no kit de vectores de clonagem T&A, pistas 1,2,4,5 com iniciadores específicos para GYSVd-1, pistas 3,6 com iniciadores específicos para HSVd. Linha M, marcadores de peso molecular (GENMARK, GM100).

Enzyme	Position	Enzyme	Position	Enzyme	Position	Enzyme	Position	Enzyme	Position
Aatll	2664	AspEl	1742	Cfr10l	1822	Maml	457	Sspl	2546
Acc65l	430	Aval	434	Drall	2718	Narl	237	Xbal	466
Accl	473	Banll	428	Ea-m1105l	1742	Ndel	185	Xmal	434
Acsl	441	BamHl	458	Ecl1361l	426	Pstl	482	Xmnl	2341
Afilll	849	Bcgl	2281	Eco0109l	2817	Sacl	428		
Ahdl	1742	Bpml	1812	EcoRl	441	Sall	472		
AlwNl	1265	BsaBl	457	Hincll	474	Sapl	733		
Apol	441	Bsal	1803	Hindll	474	Scal	2222		
Asp700	2341	BspMl	485	Kasl	236	Smal	436		
Asp718	430	BsrFl	1822	Kpnl	434	Sphl	488		

Figura 4-4. Sítios de enzimas de restrição do vetor de clonagem yT&A®.

Componentes do produto

Vetor de clonagem T&A (25ng/µl), ADN de inserção de controlo (10ng/µl), YEAST DNA ligase (2U/pl), tampão de ligação 10x A, tampão de ligação 10x B, iniciador direto (M13-F) (10µM), iniciador inverso (M13-R) (10 µM), condição de armazenamento: -20°C.

Evitar ciclos múltiplos de congelação-descongelação e exposição a mudanças frequentes de temperatura, fazendo alíquotas de utilização única de Tampão Ligase. A Pfu DNA polimerase possui atividade de revisão; não possui a atividade do tipo transferase terminal demonstrada pela Taq DNA polimerase.

As reacções de ligação que utilizam ADN amplificado sem cauda não resultaram em colónias positivas. Métodos para aumentar a eficiência da ligação:

• A-tailing: produto PCR purificado, tampão PCR 10X, 10mM dATP, Taq Adicionar água desionizada a um volume final de 100 µl, 72°C durante 3 horas. Purificar o ADN de cauda A e utilizar na reação de ligação;

• Se for necessário o máximo de transformantes, incubar as reacções durante a noite a 4°C;

• A eficiência optimizada é a utilização de uma relação molar de 1:3 entre o ADN do vetor e o ADN da inserção;

• Utilizar células competentes de eficiência mais elevada, por exemplo, série ECOSTM (>108cfu/µg ADN) (Figura 4-5).

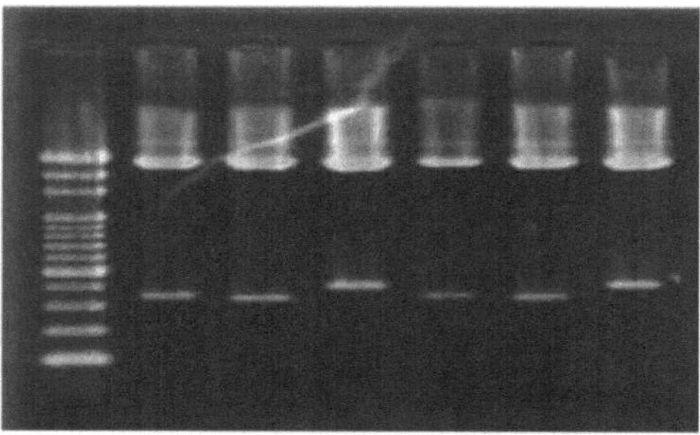

Figura 4-5. A eletroforese em gel de agarose analisa o ADN inserido no kit do vetor de clonagem T&A e a enzima Hindlll. Pistas 1,2,4,5 com primers específicos para GYSVd-1, Pista 3,6 com primers específicos para HSVd. Pista M, marcadores de peso molecular (GENMARK, GM 100).

Análise da árvore filogenética

A árvore filogenética foi construída utilizando a sequência genómica completa do HSVd-DY e do GYSVd-l-DY, respetivamente (Figura 4-6 e Figura 4-7). A árvore filogenética derivada da sequência completa do HSVd-DY e de outros 17 HSVd do GenBank mostrou que estes estão altamente relacionados em termos evolutivos. Do mesmo modo, a árvore obtida do GYSVd-1-DY e de outros 19 GYSVd-1 - DY do GenBank revela as suas relações estreitas.

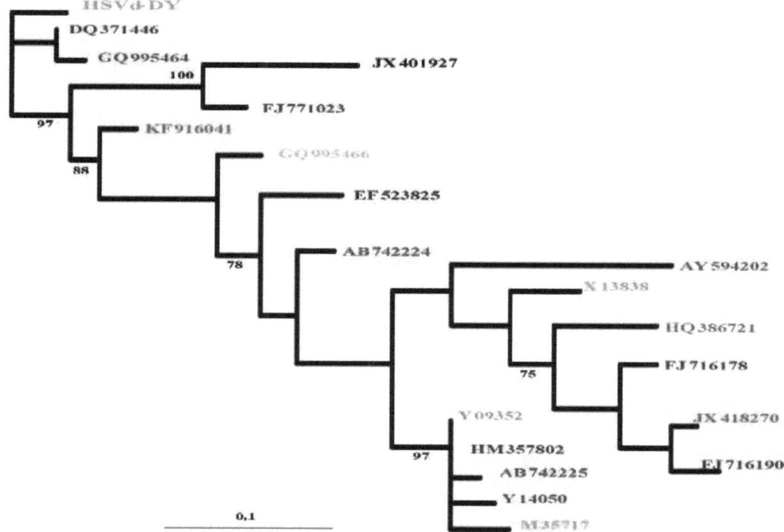

Figura 4-6. Análise filogenética da sequência completa do HSVd-DY com outros 17 HSVd obtidos do GenBank. Na árvore filogenética construída utilizando o pacote de software PHYLIP (J. 2005), os valores adjacentes aos nós indicam os valores de confiança bootstrap para 1000 réplicas utilizando análises de neighborjoining (NJ). Os valores inferiores a 75% não são indicados. As unidades da barra de escala representam as substituições de nucleótidos por local.

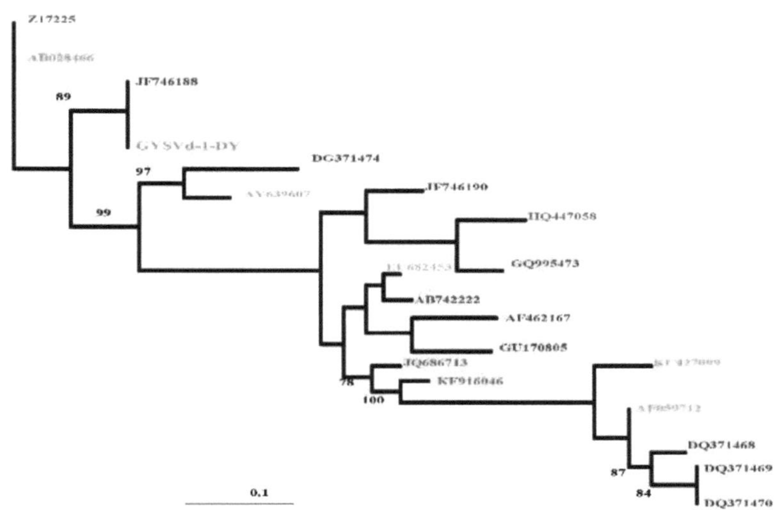

Figura 4-7. Análise filogenética da sequência completa do GYSVd-l-DY com outros 17 HSVd extraídos do GenBank. Na árvore filogenética construída utilizando o pacote de software PHYLIP (J. 2005), os valores adjacentes aos nós indicam os valores de confiança bootstrap para 1000 réplicas utilizando análises de junção de vizinhos (NJ). Os valores inferiores a 75% não são indicados. As unidades da barra de escala representam as substituições de nucleótidos por local.

Identidade da sequência nucleotídica

A sequência obtida a partir do HSVd-DY detectado foi comparada com outros 17 HSVd do GenBank. Os resultados mostraram que o HSVd-DY tem uma elevada identidade de sequência com uma variação de 98,7% a 85,79% em relação a outros HSVd que foram recolhidos de diferentes hospedeiros ou de diferentes regiões geográficas. Do mesmo modo, a sequência do GYSVd-l-DY variou entre 39,2% e 99,7% em relação a outros GYSVd-1, com a exceção de que o GYSVd-1 de *Vitis vinifera* da Austrália (número de acesso XJ892929 e JX892932) apresentou uma baixa identidade de sequência (37,6% e 39,2%) com o isolado DY (quadros 4-2 e 4-3).

Tabela 4-2. Comparação da identidade da sequência entre o HSVd-DY e outros HSVd do GenBank. São indicados o número de acesso, o hospedeiro infetado e o país isolado.

HSVd	Host	Country	Da-Yeh
AB742224	*Vitis vinifera*	India	95.3
AB742225	*Vitis vinifera*	India	96
GQ995466	*Vitis vinifera* cultivar Pinot noir, clone ENTAV115 Italy *Vitis vinifera* cultivar Pinot noir, clone ENTAV115 Hungary		97.7
GQ995464	*Vitis vinifera* leaves	Hungary	98.7
Y14050	*Vitis vinifera*	China	96
HM357802	Citrus strain CC-D isolate 3	China	96.3

FJ716190	Citrus-Thomson navel sweet orange	Iran	91.8
FJ716178	Grapefruit	Israel	92.7
JX418270	Jujube	China	92.8
AY594202	Peach	TurKey	91.4
X13838	Prunus persica cv. Jeronimo J-16	Spain	94.1
FJ771023	Humulus lupulus var. Celeia	Slovenia	96.3
EF523825	Clone-1R-HSVd	Tunisia	97.3
Y09352	Isolate (SHV-g(GV))	Japan	96.3
HE575348	Malus sylvestris (wild apple)		85.7
HQ386721	Grapevine cv. Jingxiu	China	90.9
M35717	*Vitis vinifera*	Iran	95.3
JX401927			82.9
DQ371446			99
KF916041			98.7

GYSVd-1	Host	Country	Da-Yeh
DQ371468	*Vitis vinifera* cv. Jingchao	China	86.2
DQ371469	*Vitis vinifera* cv. Beiquan	China	85.9
DQ371474	*Vitis vinifera* cv. Zhiyuan 540	China	91.4
DQ371467	*Vitis vinifera* cv. Shafu Seedless	China	85.9
DQ371470	*Vitis vinifera* cv. Thompson Seedless	China	85.9
KF916046	*Vitis vinifera*	Iran	96.2
EU682453	*Vitis vinifera* cv. Nebbiolo	Italy	95.1
AB742222	*Vitis vinifera*	India	95.7
HQ447058	*Vitis vinifera*	New Zealand	94.6
GQ995473	*Vitis vinifera* cultivar Pinot noir, clone ENTAV115	Hungary	94.9
KC427099	*Vitis vinifera*	USA	87
JF746190	Grapevine	China	96.5
JF746188	Grapevine	China	99.7
GU170805	Grapevine	China	95.9
AY639607	Grape cultivar White Malaga	Thai Land	95.1
AB028466	Japanese Campbell isolate	Japan	99.2
AF462167	Cari 1-1	Canada	95.9
Z17225	Isolate GYSVd1	Australia	99.2
AF059712	GYVd1 type 3	USA	87
JQ686713	Isolate GYSVd-1-AO14#1	Iran	94.1

Tabela 4-3. Comparação da identidade da sequência entre o GYSVd-1-DY e outros GYSVd-1 do GenBank. São indicados o número de acesso, o hospedeiro infetado e o país isolado

4.2 Breve discussão dos resultados

Os viroides mais importantes da videira, especialmente os associados à doença da mancha amarela, são detectáveis de forma fiável nas folhas jovens durante uma fase fisiológica que é caracterizada na maioria das plantas. A videira é muito rica em compostos fenólicos, que se acumulam mais com a idade e podem interferir com o processo de extração de ARN de alta qualidade (Newbury e Possingham, 1977). Os vírus mais importantes da videira, especialmente os associados ao complexo de doenças do enrolamento da folha, são detectáveis de forma fiável nas folhas maduras durante um estádio fisiológico que se caracteriza, na maioria das plantas, por um aumento das atividades de nuclease e uma diminuição do teor de ácido nucleico (Malfitano et al., 2003).

Neste estudo, foram concebidos cinco pares de primers específicos para HSVd, GYVd-1, GYSVd-2, CEVd e AGVd para a deteção de viroides em videiras. Através de single-RT-PCR, o HSVd e o GYSVd-1 foram detectados e os resultados da sequência mostraram que partilhavam uma elevada identidade de nucleótidos com os viróides relacionados publicados no GenBank. Quando os iniciadores derivados das sequências do HSVd e do GYSVd-1 foram misturados e foi realizada uma RT-PCR multiplex para a deteção, os fragmentos de ADN amplificados correspondentes ao HSVd e ao GYSVd-1, respetivamente, foram encontrados após a eletroforese em gel, indicando que as análises RT-PCR multiplex possuem uma estratégia rápida e sensível para a deteção simultânea de diferentes viróides nas vinhas.

Foram colhidas 50 amostras de folhas de vinhas no condado de Changhua, em Taiwan. Essas folhas foram selecionadas devido ao aparecimento de sintomas de amarelecimento, manchas ou mosaico nas folhas. Uma vez que a videira é muito rica em compostos fenólicos, que se acumulam mais com a idade (Kobayashi et al., 2005). Os compostos fenólicos podem interferir com o processo de extração de ARN de alta qualidade. No nosso estudo, colhemos as folhas maduras, mas não envelhecidas, das videiras (geralmente localizadas na terceira a quinta posição a partir do topo), de modo a não serem contaminadas com mais compostos fenólicos. O RNA total foi extraído de acordo com as instruções do fabricante do kit de extração de RNA, sem mais modificações. A qualidade do ARN foi determinada por espetrofotometria e o rácio de absorvância a 260 nm/280 nm situou-se entre 1,8 e 2,0, indicando a pureza do ARN. Durante o processo de extração do ARN, é importante remover completamente o etanol antes de lavar o ARN da coluna. Desta forma, não haverá contaminação por compostos orgânicos na solução de ARN que possa interferir na etapa seguinte da RT-PCR.

O procedimento de extração foi modificado para aumentar a fiabilidade dos extractos de plantas para utilização em RT-PCR, como demonstrado nas reacções de controlo que foram desenvolvidas. A extração do ARN continha etanol, que foi removido por água quente. Um controlo deste tipo será difícil de desenvolver, uma vez que as preparações de anticorpos diferem entre si em termos de eficiência e título de ligação ao antigénio. Recomendamos a inclusão de um controlo em todos os ensaios, uma vez que um extrato amplificável pode tornar-se não amplificável em caso de armazenamento incorreto ou de congelamento e descongelamento repetidos. Para a mRT-PCR, também alteramos a concentração de dois pares de primers com um rácio de 1 µl para o GYSVd-l-N-DY e de 2 µl para o HSVd-N-DY quando executamos a eletroforese em gel.

Para calcular com precisão a temperatura de fusão, os utilizadores têm de especificar qual o tampão utilizado para a amplificação. Podem escolher entre utilizar tampões de polimerase pré-definidos ou especificar o conteúdo iónico do tampão e os algoritmos que pretendem utilizando o modo de tampão personalizado. A biblioteca de sequências a amplificar deve ser fornecida sob a forma de um ficheiro FASTA. O software apresenta uma página de resultados na qual são mostrados todos os primers e que pode ser descarregada sob a forma de um ficheiro FASTA ou CSV. O gráfico de validação que mostra o desempenho do algoritmo de temperatura de fusão utilizado em dados experimentais e os registos do programa também são fornecidos.

A obtenção de ARN de elevada qualidade e quantidade é um pré-requisito para a construção de bibliotecas de ADNc de boa qualidade com uma representação adequada de todos os genes expressos. No entanto, a extração de ARN de tecidos vegetais pode ser difícil e exige frequentemente a modificação de protocolos existentes ou o desenvolvimento de novos procedimentos. Isto é particularmente verdade no caso de espécies lenhosas como a uva, a maçã e os citrinos, uma vez que contêm níveis elevados de fenóis e polissacáridos extraíveis (Horst e Cohen, 1980) e de tecidos de frutos maduros pré-climatéricos e pós-climatéricos, nos quais se sabe que a biossíntese de substâncias potencialmente interferentes aumenta durante a maturação e o amadurecimento.

No entanto, as tentativas de utilizar estes reagentes para extrair RNA total de tecidos de frutos e flores de macieira não conseguiram obter a qualidade e a quantidade suficientes de RNA total necessárias para a construção de bibliotecas de cDNA. A presença de polissacáridos no ADN vegetal extraído é uma preocupação comum dos biólogos moleculares de plantas. No entanto, os dados apresentados mostram que, em muitos casos, esta situação pode ser evitada com a utilização de concentrações mais elevadas de sal no tampão de extração. O facto de as relações OD280/OD260 não terem sido afectadas pela concentração de sal no tampão de extração quando se utilizou pepino sugere que os polissacáridos se encontravam numa concentração suficientemente baixa nesse tecido vegetal para serem eficazmente removidos por ambos os tampões testados. O mesmo não aconteceu com as amostras de batata, em que foi necessário utilizar uma concentração de sal mais elevada no tampão de extração para evitar a transferência de polissacáridos para as amostras de ácido nucleico.

A conceção dos iniciadores baseou-se em regiões conservadas na sequência de várias plantas, na esperança de que os mesmos iniciadores pudessem ser utilizados em reacções de controlo para todas essas plantas e mesmo para plantas para as quais não existem atualmente dados de sequência. No entanto, a amplificação com os iniciadores HSVd e GYSVd-1 ocorreu em extractos de tecidos não infectados e infectados de todas estas plantas. É importante notar que os tecidos testados incluem amostras de cana e de gomos da videira em estado de dormência, o que significa que a deteção dos iniciadores HSVd e GYSVd-1 pode também servir de controlo interno para a análise de vírus em tecidos de plantas lenhosas em estado de dormência que são importados e exportados.

Quando cinquenta amostras de campo infectadas com viróide foram testadas por RT-PCR de um tubo e um passo, obtiveram-se produtos com os tamanhos esperados de todos os isolados de viróide testados. Apenas foram observadas duas bandas de viróides de tamanhos diferentes nas amostras infectadas, mas não nos controlos negativos. Estes resultados demonstraram o sucesso da utilização do protocolo em amostras de campo. Nas nossas amostras de folhas recolhidas, verificou-se que todas elas estavam infectadas pelo HSVd. Este facto é razoável, uma vez que o HSVd está muito difundido no mundo e pode ser predominante nas vinhas. O GYSVd-1 apresentou 16% de infeção nas amostras recolhidas. A frequência da sua infeção é muito mais baixa do que a do HSVd. Não foram encontrados outros viróides da videira, incluindo o GYSVd-2, o AGVd e o CEVd, nas amostras recolhidas. É interessante verificar que um fragmento de ADN obtido a partir da análise RT-PCR quando se utilizaram os iniciadores do GYSVd-2 e a sequência resultante mostrou que o GYSVd-1 e o GYSVd-2 estão intimamente relacionados e têm uma elevada identidade de sequência entre si. É importante verificar cuidadosamente se o amplicon é o alvo correto quando detectado entre estes dois viróides.

CAPÍTULO 5

Conclusões e sugestões

5.1 Conclusões

Na conceção de primers para a deteção simultânea de viróides em amostras de plantas, é necessário ter em conta as seguintes especificações

1. Os iniciadores concebidos tinham de ser capazes de especificar amplamente um único viroide alvo.

2. Primers que partilham uma temperatura de fusão semelhante, de modo a facilitar a definição das condições adequadas para a amplificação de todos os viroides-alvo esperados.

3. Os produtos de ADN depois de amplificados tinham de apresentar tamanhos diferentes uns dos outros para serem facilmente identificados por eletroforese em gel de ágar padrão.

4. Ao conceber os primers, é necessário ter em conta a variabilidade da sequência intra-específica devido às quasispecies existentes na população natural de viróides.

Concebemos os iniciadores para amplificar fragmentos de ADN de diferentes tamanhos a partir de diferentes viróides. A conceção dos iniciadores baseou-se em regiões conservadas na sequência de várias plantas, na esperança de que os mesmos iniciadores pudessem ser utilizados em reacções de controlo para todas essas plantas e mesmo para plantas para as quais não existem atualmente dados de sequência. Para calcular com precisão a temperatura de fusão, os utilizadores têm de especificar qual o tampão utilizado para a amplificação. Podem escolher entre utilizar tampões de polimerase pré-definidos ou especificar o conteúdo iónico do tampão e os algoritmos que pretendem utilizando o modo de tampão personalizado. A biblioteca de sequências a amplificar deve ser fornecida sob a forma de um ficheiro FASTA. O software apresenta uma página de resultados na qual são mostrados todos os primers e que pode ser descarregada sob a forma de um ficheiro FASTA ou CSV. O gráfico de validação que mostra o desempenho do algoritmo de temperatura de fusão utilizado em dados experimentais e os registos do programa também são fornecidos. É muito provável que a presença de alguns viróides nestes extractos seja tão elevada que, com as concentrações de iniciadores e as condições de RT-PCR utilizadas, a amplificação do fragmento específico do viróide supere a amplificação do fragmento de controlo. Isto não constitui um problema real na prática, porque o objetivo do controlo é determinar se o extrato pode suportar a reação RT-PCR. A constatação de que é possível o armazenamento prolongado de tecidos e extractos de plantas em condições adequadas (-80°C) significa que as plantas podem ser testadas para vírus adicionais quando as suas sequências estiverem disponíveis e puderem ser concebidos primers específicos.

Este estudo mostrou a eficácia de um protocolo RT-PCR multiplex para a identificação contemporânea de dois viróides que infectam a videira. O método foi validado através de testes em videiras naturalmente infectadas da Universidade Da-Yeh de Taiwan e provou ser sensível e fiável tanto na ausência como na presença do par de primers concebido para amplificar um controlo interno derivado do hospedeiro. A formação de estruturas secundárias pela sequência-alvo, um determinante importante que afecta a sua interação com outras moléculas, afecta a disponibilidade para hibridação (Murashige et al., 1972). As abordagens de amplificação aleatória, como a utilizada neste trabalho, geram inerentemente amplicões não visados que podem afetar a sensibilidade e a especificidade da reação de hibridação. As sequências genómicas dos tospovírus utilizadas para comparação foram obtidas nas bases de dados do National Center for Biotechnology Information (NCBI) (http://www. ncbi.nlm.nih.gov/). Os alinhamentos de sequências múltiplas, a comparação das sequências recém-determinadas com as sequências de referência e a tradução das sequências nt para resíduos aa foram efectuados utilizando o programa Clustal-W, o programa B12seq e o programa Six frame, respetivamente, do Biology Workbench. As homologias das sequências nt e aa foram calculadas utilizando o programa Gap do SeqWeb. A análise filogenética foi efectuada utilizando o programa Philip 3.69. O bootstrapping foi repetido 100 vezes para gerar múltiplos conjuntos de dados, e as versões dos conjuntos de dados de entrada foram reamostradas com o programa Seqboot do Philip 3.69. Foi produzida uma matriz de distâncias para as sequências de aminoácidos com o programa dnadist.exe do Phylip 3.69, utilizando as matrizes PAM do modelo de Dayhoff. Os ramos filogenéticos foram definidos pelo programa Neighbor do Phylip 3.69, utilizando o método de junção de vizinhos. Finalmente, as árvores filogenéticas foram produzidas utilizando o programa Consense do Phylip 3.69.

5.2 Sugestões

Comparámos as amostras de HSVd e GYSVd-1 de videira em Dacun, Yuanlin, Taiwan com sequências previamente publicadas no GenBank. Os resultados mostram as mutações na sequência mais próxima; a semelhança situou-se entre 99% e 95%. As sequências completas de HSVd-DY e GYSVd-1-DY têm 301 nt e 367 nt, respetivamente. No entanto, partilha a maior identidade de nt (95%-98%) com as sequências AB742224, AB742225, GQ995466, GQ995464, Y14050 para o HSVd e identidade de nt (95%- 99%) com as sequências JF746190, JF746188, GU170805, AY639607, AB028466, Z17225 para o GYSVd-1. A análise filogenética das sequências de todas as proteínas virais indicou que o HSVd DY e o GYSVd-l-DY estão estreitamente relacionados com o GQ995464 e o JF746188, AB028466, Z17225, respetivamente.

Referências

Ambros S,H.C., Desvignes, J.C. e Flores, R. (1998). Estrutura genómica de três isolados fenotipicamente diferentes do viróide do mosaico latente do pessegueiro: implicação da existência de restrições que limitam a heterogeneidade das quase-espécies de viróides. J. Virol. 72: 7397-7406.

Baumstark, T., Schroder, A.R.W. e Riesner, D. (1997). Viroid processing: switch from cleavage to ligation is driven by a change from a tetraloop to a loop E conformation. EMBO. J. (16): 599-610.

Blanco-Urgoiti, B., Tribodet, M., Leclere, S., Ponz, F., Perez de san roman, C., Legorburu, F.J. e Kerlan, C. (1998). Caracterização de isolados de Potyvirus Y (PVY) de batata em lotes de batata-semente. Situação dos isolados NTN, Wilga e Z. European Journal of Plant Pathology, 104 (8): 811-819.

Bowers, G.R. e Goodman, R.M. (1979). Vírus do mosaico da soja: Infeção de partes de sementes de soja e transmissão de sementes. Phytopathology, 69: 569-572.

Burke, J.M. e Hamrick, J.L. (2002). Variação genética e evidência de hibridação no género Rhus (Anacardiaceae). J. Hered. 93: 37-41.

Canto, T., Ellis, P., Bowler, G., e Lopez-Abella, D. (1995). Produção de anticorpos monoclonais contra a protease do componente auxiliar do vírus Y da batata e sua utilização para a diferenciação de estirpes. Plant. Dis. 79: 234-237.

Chiou-Chu, S., Chung Jan, Chang, Che-Ming, Chang, Hsien-Tzung, Shih, Kuo-Ching, Tzeng, Fuh-Jyh, Jan, Chin-Wen, Kao e Wen-Ling Deng (2013). Doença de Pierce das videiras em Taiwan: Isolamento, Cultivo e Patogenicidade de Xylella fastidiosa. Journal of phytopathology, 161 (6): 389- 396.

Crandall, K.A., Perez-Losada, M., Christensen, R.G., McClellan, D.A. e Viscidi, R.P. (2005). Filogenómica e evolução molecular dos poliomavírus. In: Ahsan, N., (ed.) Polyomavirus and Human Diseases. Landes BioScience; Georgetown, TX.

De Avila, A.C., Huguenot, C., Resende, R.O., Kitajima, E.W. e Goldbach, W. (1990). Diferenciação serológica de 20 isolados do Tomato spotted wilt virus. J. Gen. Vir. 71 (12): 2801-2807.

Deyong, Z., Willingmann, P., Heinze, C., Adam, G., Plunder, M., Frey, B. e Frey, J.E. (2005). Diferenciação de isolados do vírus do mosaico do pepino por hibridação com oligonucleótidos num formato de microarray. J.Virol. Meth. 123: 101-108.

Di Serio F,M.M., Alioto, D., Ragozzino, A. e Flores, R. (2002). Apple dimple fruit viroid: Variabilidade da sequência e sua deteção específica por RT-PCR fluorescente multiplex na presença do Apple scar skin viroid. J. Plant Pathol. 84: 27-34.

Diener, T.O. (1989). RNAs circulares: relíquias da evolução pré-celular? Proc. Natl. Acad. Sci. 86: 9370-9374.

Diener, T.O. (2003). Descobrir os viróides - uma perspetiva pessoal. Nature Reviews Microbiology, 1: 75-80.

Duret, L. e Abdeddaim, S. (2000). Alinhamento múltiplo para análises estruturais, funcionais ou filogenéticas de sequências homólogas. In: Higgins, and Taylor, W. (Ed.), Bioinformatics, Sequence, Structure and Databanks. Oxford University Press, Oxford.

Eiras, J.C., Takemoto, R.M. e Pavanelli, G.C. (2000). Metodos de estudo e tecnicas laboratoriais em parasitologia de peixes / Methods of study and laboratorial techniques in parasitology of fish. EDUEM, Maringá, 85: 45-55.

Fagoaga, C., Semancik, J.S. e Duran-Vila, N. (1995). Uma variante do viróide da exocorte dos citrinos da fava (Vicia faba L.): infecciosidade e patogénese. Journal of general virology, 76 (9): 2271-2277.

Fagoaga, C. e. Duran-Vila, N. (1996). Variantes de ocorrência natural do viróide da exocorte dos citrinos em culturas hortícolas. Patologia vegetal, 45(1): 45-53.

Fawcett, H. e Klotz, J. (1948). Exocortis of trifoliate orange. California Africulture: 13.

Garcia-Arenal, F., Pallas, Vicente, e Flores, Ricardo (1987). A sequência de um viróide da videira intimamente relacionado com isolados graves do viróide da exocortis dos citrinos. Nucleic Acids Res. 15 (10): 4203-4210.

Gazel, M., Uluba§, C., e Qaglayan, K. (2008). Deteção do viroide do pedúnculo do lúpulo em cerejeiras doces e azedas na Turquia por RT-PCR. Journal of Plant Pathology, 90 (1): 23-28.

Goldbach, R. e Kuo, G. (1996). Introduction: Actas do simpósio internacional sobre tospo-vírus e tripes e culturas hortícolas Ata. Hortic, 431: 21-36.

Gora-Sochacka, A., Kierzek, A., Candresse, T. e Zagorski W. (1997). A estabilidade genética das variantes moleculares do viróide do tubérculo fusiforme da batata (PSTVd). RNA 3: 68-74.

Gora, A., Candresse, T. e Zagorski, W. (1994). Análise da estrutura populacional de três isolados de PSTVd fenotipicamente diferentes. Arch. Virol. 138: 223-245.

Hajizadeh, M., Navarro, B., Bashir, N.S., Torchetti, E.M. e Di Serio, F. (2012). Desenvolvimento e validação de um método multiplex RT-PCR para a deteção simultânea de cinco viróides da videira. J. Virol. Methods, 179 (1): 62-69.

Hammond, R. (1994). A inoculação mediada por Agrobacterium de cDNAs de PSTVd em tomate revela o efeito biológico de mutações aparentemente letais. Virologia, 201: 36-45.

Hampell, K.J. e Burke, J.M. (2001). Uma alteração conformacional no motivo "loop E- like" da ribozima hairpin é coincidente com o acoplamento de domínios e é essencial para a catálise. Proc. Natl. Acad. Sci(40): 3723-3729.

Horst, R. e Cohen, D. (1980). Amantadine supplemented tissue culture medium: a method for obtaining chrysanthemums free of Chrysanthemum stunt viroid. V Simpósio Internacional sobre Viroses de Plantas Ornamentais, 110.

Felsentein, J. (2005). PHYLIP: pacote de inferência de filogenia versão 3.6. Seattle (WA). Universidade de Washington.

Jan, F.J., Chen, T.C. e Yeh, S.D. (2003). Ocorrência, importância, taxonomia e controlo de tospovírus de tripes em: Avanços na gestão de doenças de plantas. Research Signpost: 391-411.

Juhasz, A., Hegyi, H. e Solymosy, F. (1988). Um novo aspeto do conteúdo informativo dos viróides. FEBS Biochim. Biophys. Ata. (950): 455-458.

Keese, P. e. Symons, R.H. (1985). Domains in viroids: evidence of intermolecular RNA rearrangements and their contribution to viroid evolution. Proc. Natl. Acad. Sci. (82): 4582-4586.

Kobayashi, Y., Kobayashi, A., Hagiwara, K., Uga, H., Mikoshiba, Y., Naito, T., Honda, Y. e Omura, T. (2005). Vírus do mosaico da genciana: uma nova espécie do género Fabavirus. Phytopathology, 95 (2): 192-197.

Kolunow, A.M., Krake, L.R., Johnson, S.D. e Rezaian, M.A. (1988). Dois viroides relacionados causam a doença da mancha amarela da videira de forma independente. J. Gen. Virol. 70(Ptl2): 3411-3419.

Konate, G., Traore, O. e Coulibaly, M.M. (1997). Caracterização dos isolados do vírus da mancha amarela do arroz nas zonas do Sudão e do Sael. Archives of virology, 142:1117-1124.

Lin, Y.H., Chen, T.C.; Hsu, H.T., Liu, F.L., Chu, F.H., Chen, C.C., Lin, Y.Z. e Yeh, S.D. (2005). Comparação serológica e caraterização molecular para verificação do Calla lily chlorotic spot virus como uma nova espécie de Tospovirus pertencente ao serogrupo do Watermelon silver mottle virus. Phytopathology, 95: 1482-1488.

Mahmood, T. e Rush, C.M. (1999). Evidência de proteção cruzada entre o vírus do mosaico do solo da beterraba e o vírus da nervura amarela necrótica da beterraba na beterraba sacarina. Plant. Dis. 83: 521-526.

Malfitano, M., Di Serio F., Covelli, L., Ragozzino, A., Hernandez, C. e Flores, R. (2003). As variantes do viróide do mosaico latente do pêssego que induzem o pêssego calico (clorose extrema) contêm uma inserção caraterística que é responsável por esta sintomatologia. Virologia, 313: 492-501.

Malinowski, T.K. e Candresse, T. (1998). Caracterização de isolados de SX/2 an apple chlorotic leaf spot virus que apresentam propriedades invulgares da proteína do revestimento. Ata. Hort. 472: 43-50.

Mandic B,A. Myrta, R.M., Gomez, A. e Pallas, V. (2007). Incidência e diversidade genética do Peach latent mosaic viroid e do Hop stunt viroid em frutos de caroço na Sérvia. Eur. J. Plant. Pathol.l20(2):167-176.

Mishra, M., Hammond, Rosemarie W., Owens, R.A., Smith, D.R. e Diener, T.O. (1991). A doença indiana do topo do cacho do tomateiro é causada por uma estirpe distinta do viróide exocortis dos citrinos. J. Gen. Virol. 72: 1781-1785.

Morris, T. e Smith, E.M. (1977). Potato spindle tuber disease: procedures for the detection of viroid RNA and certification of disease-free potato tubers. Phytopathology, 67 (2): 145-150.

Murashige, T., Bitters, W.P., Rangan, E.M., Nauer, E.M., Roistacher, C.N. e Holliday, P.B. (1972). Uma técnica de enxertia de ápice de rebento e sua utilização para a recuperação de clones de Citrus livres de vírus. HortScience, 7: 118-119.

Narvaez, G., Skander, B.S., Ayllon, M.A., Rubino, L., Guerri, J. e Moreno, P. (2000). Um novo procedimento para diferenciar isolados do Citrus tristeza virus por hibridação com sondas de cDNA marcadas com digoxigenina, J. Virol. Meth. 85: 83- 92.

Newbury, H.J. e Possingham, J.V. (1977). Factores que afectam a extração de ácido ribonucleico intacto de tecidos vegetais contendo compostos fenólicos interferentes. Plant. Physiology, 60: 543-547.

Niblett, C., Dickson, Elizabeth, Horst, R.K. e Romaine, C.P. (1980). Hospedeiros adicionais e um procedimento de purificação eficiente para quatro viróides. Phytopathology, 70 (7): 610-615.

Notredame, C. (2002). Progressos recentes no alinhamento de sequências múltiplas: A survey. Farmacogenómica, 3: 1-14.

Owens, R.A. e Diener, T.O. (1981). Sensitive and rapid diagnosis of potato spindle tuber viroid disease by nucleic Acid hybridization. Science, 213 (4508): 670-672.

Page (1996). TreeView: uma aplicação para visualizar árvores filogenéticas em computadores pessoais. Oxford University Press.

Pelchat, M., Rocheleau, Lynda, Perreault, Jonathan, e Perreault, Jean-Pierre. (2003). SubViral RNA: uma base de dados das mais pequenas espécies de RNA auto-replicáveis conhecidas. Nucleic Acids. Res. 31(1): 444-445.

Polivka, H., Staub, U. e Gross, H.J. (1996). Variação do perfil dos viróides em plantas individuais de videira: novos mutantes do viróide da mancha amarela da videira 1 apresentam alterações da grampo I. J. Gen. Virol. 77 (Pt 1): 155-161.

Qi Y, P.T., Itaya, A., Hunt, E., Wassenegger, M. e Ding, B. (2004). Papel direto de um motivo de ARN viroide na mediação do tráfico direcional de ARN através de um limite celular específico. Plant. Cell. 16: 1741-1752.

Rosner, A. e Bar, J.M. (1984). Diversidade de estirpes do Citrus tristeza virus indicada por hibridação com sequências de cDNA clonadas. Virologia, 139: 189- 193.

Rosner, A., Lee, R.F. e Bar-Joseph, M. (1986). Hibridação diferencial com sequências de cDNA clonadas para deteção de um isolado específico do Citrus tristeza virus. Phytopatholog, 76: 820-824.

Roy, A. e Ramanchada, P. (2003). Ocorrência de uma variante do Hop stunt viroid (HSVd) na doença da cortiça amarela dos citrinos na Índia. Curr. Sci. 85: 1608- 1612.

Roy, A. e Ramachadran, P. (2006). Characterization of a Citrus exocortis viroid variant in yellow corky vein disease in India (Caracterização de uma variante do viróide Citrus exocortis na doença da cortiça amarela na Índia). Curr. Sci. 91: 798-803.

Sano, T., Kudo, H., Sugimoto, T. e Shikata, E. (1988). Sondas sintéticas de hibridação de oligonucleótidos para o diagnóstico de estirpes do viroide do raquitismo do lúpulo e do viroide da exocortis dos citrinos. J. Virol. Methods, 19 (2): 109-119.

Sherwood, J.L., Sanborn, M.R., Keyser, G.C. e Myers, L.D. (1989). Utilização de anticorpos monoclonais na deteção do tomato spotted wilt virus. Phytopathology, 79: 61-64.

Smith, H.G., Barker, I., Brewer, G., Stevens, M. e Hallsworth, P.B. (1996). Produção e avaliação de anticorpos monoclonais para a deteção do Beet mild yellowing luteovirus e estirpes relacionadas. European Journal of Plant Pathology, 102(2): 163-169.

Stevens, M., Smith, H.G. e Hallsworth, P.B. (1994). The host range of beet yellowing viruses among common arable weed species. Plant pathology, 43: 579-588.

Szychowski, J., Credi, R., Reanwarakom, K. e Semancik, J.S. (1998). Diversidade populacional no viroide-1 da mancha amarela da videira e sua relação com a expressão da doença. Virologia, 248 (2): 432-444.

Teruo, S., Tatsuji, hataya, Yasuo, Terai, e Eishiro, Shokita. (1989). Estirpes de Hop Stunt Viroid da doença da ameixa e do pêssego no Japão. J. Gen. Virol, 70 (6): 1311-1319.

Thompson, J.D., Gibson, T.J., Plewniak, F., Jeanmougin, F. e Higgins, D.G. (1997). A interface CLUSTAL X windows: estratégias flexíveis para o alinhamento de sequências múltiplas com o auxílio de ferramentas de análise de qualidade. Nucleic Acids Res. 25: 4876-4882.

Thompson, J.D., Higgins, D.G. e Gibson, T.J. (1994). CLUSTAL W: melhorando a sensibilidade do alinhamento progressivo de sequências múltiplas através da ponderação de sequências, penalizações de lacunas específicas da posição e escolha da matriz de pesos. Nucleic Acids. Res. 22: 4673-4690.

Walia, Y., K.Y., Rana, T., Bhardwaj, P., Raja Ram, Thakur, P.D., Usha Sharma, Hallan, V. e Zaidi, A.A. (2009). Caracterização molecular e análise da variabilidade do Apple scar skin viroid na Índia. J. Gen. Plant. Pathol. 75: 307-311.

Wassenegger, M., Heimes, S. e Sanger, H.L. (1994). Um replicão de ARN infecioso evoluiu a partir de um mutante de deleção de viróide não infecioso gerado in vitro através de uma deleção complementar in vivo. EMBO J. 13: 6172-6177.

Woodham, R.C. e Taylor, R.H. (1972). Grapevine yellow speckle uma doença transmissível por enxerto de vitis recentemente reconhecida. J.Agric. Res. 23: 447-452.

Yakoubi, S., Elleuch, A., Besaies, N., Marrakchi, M. e Fakhfakh, H. (2007). Primeiro relatório do Hop stunt viroid e Citrus exocortis viroid em figueira com sintomas da doença do mosaico da figueira. Journal of Phytopathology, 155 (2): 125-128.

Printed by Books on Demand GmbH, Norderstedt / Germany